YOSEUE RECI

PE 12 MONTHS

配色 × 盆器 × 多肉屬性

園藝職人の

多肉植物 組盆筆記

••••

YOSEUE RECIPE 12 MONTHS

Flora 黒田園藝

黒田健太郎

Kentaro's style 園藝職人の多肉植物組盆筆記

contents

本書的使用方法
◎本書介紹的盆花與種苗，皆以能在普通的園藝店中購得品項為主。植物名：一般的流通名稱，學名：為世界共通的植物名稱。植物解說中將介紹各植物的特性和特徵、培育方法及合植時的建議和使用方法等。
◎本書的資料，以日本關東地方的平地地區為基準，其他地區請考慮氣溫和濕度的差異性，來進行栽培管理。

特記事項
[關於植物名]
本書中關於植物名稱的標示，多為市面上販賣的俗稱，另有些由外國引進的種名或品種名等，為中文音譯。在屬名和種名之間，加入「‧」號加以區隔。此外，園藝品種名會括以「 '' 」號。
[關於學名]
品種名括以「 '' 」號。此外，cv.是園藝品種的縮寫，表示不明的園藝品種，複數形標示為cvs.。var.為變種、ssp.為亞種，sp.是不明的品種，複數形標示為spp.。

我非常熱中於製作多肉植物的組合盆栽，
面對多采多姿的多肉植物，
直到現在，每天的新發現仍讓我感到悸動。
莖節間冒出的花芽令人感動，
看到隨著四季變換色彩、千奇百怪的葉形，便不禁揚起嘴角，
盆裡的芽插或葉插有了些許的變化也讓我讚歎。
每當創作出漂亮的多肉組合盆栽時，欣慰之心便難以言喻。

為了讓讀者也能充分體驗多肉植物合植之樂，
本書集合了我經過不斷失敗才獲得的無數創意。
從挑選植株、盆缽，各種搭配技巧，
以及澆水、栽種後的管理等，我都儘可能詳細解說。
盆栽中的品種，是使用園藝店一年中各月所販售的植株，
從簡單的小型盆栽，到能布置在玄關的大型組合盆栽，
本書皆以清楚易懂的圖片，詳實介紹作法步驟。
希望這些原本只有我個人享有的多肉組合樂趣，
也能讓你充分享受。
只要掌握栽種法和每天的管理訣竅，
多肉盆栽的作法其實相當簡單，超乎想像的好種且照顧也很輕鬆。
相信你也會被個性鮮明的多肉植物魅力所深深吸引。
正因為如此，不論合植或栽培都非常的輕鬆愉快！

任何的舉例說明都比不上實際完成組合盆栽時所獲得的感動。
我希望各位也能擁有那樣的體驗。
多肉植物的姿態美麗又有趣，讓人百看不厭，
正因為它們具有如此的趣味，才讓我對組合盆栽躍躍欲試吧！

黑田健太郎

享受隆冬的繽紛多彩 &
千變萬化的色彩之趣

每到冬天，耐寒受凍的多肉植物，
紛紛轉變為紅葉或鮮麗的色彩。
以下將介紹紅、橘、粉紅色等
具冬季豐富多彩的組合盆栽。

Jan. | a. 以火紅色彩展現青春氣息

以色彩鮮豔的多肉植物
製作美麗又豪華的盆栽

從晚秋到冬季，許多多肉植物的葉片會轉變為紅色。多肉植物在冬天也不會落葉，直到寒冷稍緩的3月，都會呈現華麗的葉色，這是多肉與其他植物的不同之處。夏型種的多肉植物，在休眠期會停止生長，直到春天都能一直保持合植時的造型。為了維持紅色的葉色，這時盆栽必須有充分日照。

冬季的管理上，要將盆栽放在夜間溫度不會降至5℃以下的地方，讓土稍微乾燥一點。到了不必擔心寒冷氣候的4月下旬時，盆栽可移往屋外，變紅的紅葉又會慢慢地變為生長期特有的嬌嫩綠色。

這個淺缽組合盆栽，以冬季多肉植物中葉片最豔紅的火祭為主角。盆栽完成後呈現出日本冬天的感覺，充分散發和風氛圍。

主角植物：火祭
配角植物：乙女心

冬季多肉植物的特徵　冬季的園藝店中，陳列許多具有美麗葉色的多肉植物。尤其是放在無暖氣的賣場中的多肉盆栽，幾乎都完全變成了紅葉。這時店中大多展售耐寒的品種，不耐寒的天寶花屬（Adenium）、棒錘樹屬（Pachypodium）、蘿藦科（Metaplexis japonica）及馬齒莧科（Portulaca oleracea）的多肉植物則很罕見。

在植株之間的空位栽種，配置時要注意讓每種植物的葉形都能被欣賞到。火紅的火祭種在最前方的顯眼處。中央配置葉尖呈淡紅色的乙女心，讓盆栽散發可愛的氛圍。

到了秋天，靜夜玉綴的粉綠葉色變成乳黃色。玉雪和白晃星的葉尖會泛紅，仙人之舞也會變成深褐色。

Jan. b. 善用冬季色彩搭配組合

一邊活用具動感的植物姿態
一邊保持左右的平衡

　　在古董秤中，合植著莖部恣意生長的多肉植物。右側是銀色白晃星搭配仙人之舞，左側是帶乳黃色的靜夜玉綴，組合泛紅的玉雪。左右都是組合明亮與時髦的葉色，來增添對比感。

　　冬季每兩至三週，在土的表面噴水至潮濕的程度，自3月起再慢慢的增加澆水量。

主角植物：白晃星・靜夜玉綴
配角植物：仙人之舞・玉雪

以濃淡漸層引人注目的歌德式風格

使用能分株的植株
使盆栽外形渾圓茂密

這個盆栽呈現深紅到粉紅的漸層色彩，整體外形呈現出漂亮的球狀。雖然使用了五種植株，但都是不同葉色的品種，而且植物先分株散種在盆中，因此完成後顯得豐富多彩。適合放在室內明亮的窗邊，溫度驟降嚴重的地區，在夜間至早晨期間，請放在屋子中央等處，最低溫度請維持在5℃以上。

主角植物：秋麗
配角植物：印地卡

白天放在明亮的窗邊，讓它充分接受日照。到春天時植株開始生長，若外觀變形，可透過修剪維持外形。

Jan. | a.

組合的材料＆作法

Layout.

Plants.

a. 赤鬼城
Crassula fusca
景天科青鎖龍屬

b. 火祭
Crassula capitella 'Campfire'
景天科青鎖龍屬
★可換用＝紅葉祭

c. 夕映
Aeonium decorum 'variegata'
景天科艷姿屬

d. 乙女心
Sedum pachyphyllum
景天科景天屬
★可換用＝戀心

e. 桃之嬌
Echeveria 'Peach Pride'
景天科石蓮屬

f. 紅晃星
Echeveria harmsii
景天科石蓮屬

g. 松蟲
Adromischus hemisphaericus
景天科天錦章屬

Pot.

淺缽：直徑210×高80mm
多肉植物用培養土／防根腐劑

栽種法

1 缽中放入介質後將表面整平，左後方種入桃之嬌，垂直種入勿傾斜。

2 在1的前方種入夕映，高度配合1。

3 在正面右側種入主角火祭。

4 從正面觀看時，在火祭和夕映之間能看到的位置上種入乙女心。

5 在4的旁邊種入紅晃星。莖較高的植株面朝內，莖較矮的面朝外。

6 在紅晃星的後方種入松蟲。

7 在桃之嬌和松蟲之間種入赤鬼城。

point. 1 配合容器，選擇高度適中的植物

　　這個容器的高度不高，請選種較小的植株，避免選擇根部向外擴展或高度較高的。不過，若所有植株的高度相等，作品會顯得平坦無趣，在中央選種較高的苗，周圍種較低矮的苗，作品整體的輪廓將呈現流暢的曲線。

complete

point. 2 利用紅＆綠的對比更顯華麗

　　在這個組合盆栽中，中央的植株雖然種得稍微高一點，但整體的高度相同。為了避免顯得太單調，在紅葉的赤鬼城、火祭、紅晃星中，組合桃之嬌、夕映、乙女心和松蟲來增加對比，使組合盆栽完成後更富層次感。

Jan. b.

組合的材料＆作法

Plants.

a.白晃星
Echeveria pulvinata 'Frosty'
景天科石蓮屬
★可換用＝月兔耳

d.仙人之舞
Kalanchoe orgyalis
景天科伽藍菜屬
★可換用＝阿爾佛雷德格拉夫
　　　　（Alfred Graf）

b.玉雪
× Sedeveria 'Yellow Humbert'
景天科擬石蓮雜交屬
★可換用＝紅稚兒

c.靜夜玉綴
× Sedeveria 'Supar brow'
景天科擬石蓮雜交屬
★可換用＝玉綴（Sedum morganianum）

Pot.

日本製古董秤：
直徑120×高80mm
多肉植物用培養土／防根腐劑

栽種法

①　在容器中放入可大致蓋住底部的培養土，加少量防根腐劑。

②　在左側容器的前方種入靜夜玉綴。莖的方向從左向右順向傾斜。

③　在容器右後方種入玉雪。和2相同，讓莖的方向從左向右順向傾斜。

④　在右側容器的左前方種入白晃星。

⑤　在容器的右後方種入仙人之舞。

complete

point. ① 以多肉植物培養土取代化妝石

　　這個組合盆栽使用了多肉植物及仙人掌專用的混合培養土，為避免弄傷根部，多肉植物專用培養土製作時特別重視排水性。它的外觀看起來像是白色的化妝石，想呈現時尚氛圍或放置於室內的盆栽，建議可使用這種介質。

point. ② 栽種前先確立配置！

　　在容器中分別種入兩種植株看似簡單，但因為容器左右分開，所以栽種的重點是一邊活用秤和植株的樣式，一邊均衡地栽種。選擇莖部呈動感的植株，讓長花穗或莖朝向有空間的中央，組合盆栽完成後能呈現融為一體的整體感。

Jan.

c.

組合的材料 & 作法

Layout.

Plants.

a. 秋麗
× Graptosedum 'Francesco Baldi'
景天科朧月屬
★可換用＝星美人

b. 姬朧月
Graptopetalum 'Bronz'
景天科朧月屬

c. 姬秋麗
Graptopetalum mendozae
景天科朧月屬

e. 虹之玉錦
Sedum rubrotinctum f. variegata
景天科景天屬

d. 印地卡
Sinocrassula indica
景天科中國景天屬
★可換用＝紅葉祭

Pot.

花紋陶缽：
直徑155×高145mm

栽種法

(1) 將姬秋麗分株，一株向外傾斜地種在左後方。

(2) 秋麗分成三株，一株種在1的旁邊。為了呈半球狀，植株稍微種得高一點。

(3) 姬朧月分成三株，一株種在秋麗的前方，稍微向外傾斜。

(4) 虹之玉錦分成兩株，一株種在3的前方。配合種在邊緣的植株，讓它向外側傾斜。

(5) 在缽的左前方種入秋麗。和1同樣地向外側傾斜，讓中央稍微種高一點。

(6) 印地卡分成兩株，一邊向外側傾斜，一邊種在5的右前方。

(7) 在5的右後方種入姬朧月。配合秋麗的高度，植株稍微向前傾斜。

(8) 在缽的右前方種入剩餘的姬秋麗。讓它向外傾斜，使整體輪廓呈球狀。

(9) 在8的後方種入剩餘的姬朧月和虹之玉錦。

(10) 在盆缽的右後邊緣，種入剩餘已分株的秋麗。

(11) 將剩餘已分株的印地卡，種在盆缽後方的邊緣即完成。

complete

冬季置於窗邊觀賞
充滿詩意的組合盆栽

一年中以2月最為嚴寒，
不妨讓華麗的組合盆栽來增添溫暖吧！
五顏六色的多肉植物，
將隆冬的窗邊裝點得更華美多彩。

Feb. a. 強調色彩的搭配以呈現可愛感

配色美麗的多肉植物
放置於室內窗邊觀賞

即使在花草都凋零的隆冬之際，多肉植物仍能保持美麗的姿態，不會落葉。如同原產於歐洲的長生草屬或景天屬的多肉植物般，許多品種都極為耐寒，不過大部分的多肉植物只耐寒至5℃左右。隆冬時期組合的盆栽，建議放在室內觀賞。請置於日照良好的窗邊，到了氣溫下降的夜晚，則搬離窗邊。戶外氣溫未達0℃以下時，減少澆水以保持培養土乾燥，也可以放在屋簷下或陽台照顧。

這個使用黃銅計量盆的組合盆栽中，搭配了寒冷時會變紅或粉紅的多肉植物。從深紅色到呈淡粉紅色的迷你蓮等，是一件能讓人細細品味美麗漸層色彩的作品。

主角植物：樹狀石蓮
配角植物：迷你蓮

配合古董容器，以深色的葉色營造厚重的氛圍。迷你蓮、三色葉、京童子和朧月，隨著生長莖會自然下垂，栽種在吊掛型的容器中，自然而然能融為一體。

Feb. b. 如燦爛盛開的花朵般栽種

利用高低差＆顏色對比
加入強弱以營造熱鬧氣氛

　　將較高的、中等的以及較矮的植株
交錯種植，以增加高低層次，並且混合
寒冷變色的紅色系、綠色系（黃色）及
藍色系等不同葉色來強調對比，就完成
這件色彩美麗熱鬧的組合盆栽。種在鐵
製盆缽的植株根部容易受寒，所以冬季
時兩至三週才澆水一次，大約以噴霧器
噴濕培養土的程度即可，土壤要保持乾
燥一點。

主角植物：赫麗‧女王紅
配角植物：艷姿‧黃麗

因盆缽材質不同，培養土
受寒的情況也不一樣，所
以冬季時要注意澆水量。
到了春天植株開始生長，
要修剪過度伸展的莖，才
能維持造型。

18

展現北歐的樸素風格

成對的盆缽並排裝飾
突顯各自的個性

　　將兩個外形充滿個性的盆缽並列，當作室內裝飾吧！一盆種著圓葉的多肉植物，另一盆中則種著葉片細長、向上生長的多肉品種，享受兩者對比的趣味。冬季時請置於室內日照良好的地方，每兩至三天將盆缽旋轉180度，讓所有植株都能均勻地接受日照。

放置在不太使用暖氣的屋內照顧最理想。即使放在有暖房的房間，若是在夜間氣溫下降的窗邊，也能欣賞到美麗的葉色。冬季時每兩至三週，在中午前以噴霧器澆水一次。水量大約是培養土到傍晚就會變乾的程度。

主角植物：千兔耳（右）・美空鉾（左）
配角植物：小水刀（右）・舞乙女（左）

Feb.

a.

組合的材料＆作法

Layout.

b.
f.
d.
e.
c.
d.
a.

Plants.

b. 朧月
Graptopetalum paraguayense
景天科朧月屬

c. 瑞茲麗
Echeveria 'Rezry'
景天科石蓮屬

a. 樹狀石蓮
Echeveria 'Mini Bell'
景天科石蓮屬
★可換用＝紅日傘

d. 三色葉
Sedum spurium 'Tricolor'
景天科景天屬

e. 迷你蓮
Sedum prolifera
景天科景天屬
★可換用＝姬秋麗

f. 京童子
Senecio herreanus
菊科黃菀屬

Pot.

古董黃銅計量盆：
直徑160×高70mm
防根腐劑

20

栽種法

① 在容器中，放入盆底石和防根腐劑，放入培養土至八分滿。

② 迷你蓮種在中央左側。如夾住提把般種入，以呈現自然的氛圍。

③ 前方種入三色葉，讓莖垂到容器外側。

④ 在3的後方種入樹狀石蓮，為了能看到花狀的葉形，讓植株向前傾斜。

⑤ 在右前方種入瑞茲麗。植株朝邊緣側傾斜，讓它伸出缽外。

⑥ 在5的後方種入京童子。讓莖垂向外側，向前方稍微延伸。

⑦ 在後方的空間種入朧月。植株朝邊緣傾斜，讓它伸出缽外。

point. ① 活用容器外形展示下垂的莖

這裡使用的容器是法國製的老計量盆。吊掛展示盆栽時，可選用莖向下垂的多肉品種，以活用容器的外形。這裡選用莖和葉都呈翠綠色的京童子，它和樹狀石蓮及瑞茲麗的外形和顏色，可形成明顯的對比。

complete

point. ② 利用中間較高的多肉植物營造分量感

在容器邊緣側種入植株時，讓苗朝外側傾斜，葉和莖伸展到容器外，這樣組合時才能展現分量感，顯得生氣蓬勃。此外為了讓整體隆起呈渾圓的帶狀，中央的植株要垂直地種入培養土中。

組合的材料＆作法

Layout.

Plants.

a. 赫麗
Echeveria 'Kakurei'
景天科石蓮屬
★可換用＝火山女神

b. 紅稚兒
Echeveria macdougall
景天科石蓮屬

c. 女王紅
Echeveria 'Queen Red'
景天科石蓮屬
★換用＝白石

d. 艷姿
Aeonium undulatum
景天科艷姿屬
★可換用＝霜之鶴

e. 磯小松
Villadia batesii
景天科塔蓮屬

f. 黃麗
Sedum adolphi
景天科景天屬
★可換用＝新立田
（Sedum 'Sunrise Mom'）

g. 龍血
Sedurn spurium 'Dragon's Blood'
景天科景天屬

h. 立田
× Pachyveria 'Scheideckeri'
景天科厚葉草屬與石蓮屬的雜交種

i. 圓貝景天
Kalanchoe scapigera
景天科伽藍菜屬

j. 小銀箭
Crassula remota
景天科青鎖龍屬

k. 粉雪
Sedum Ostorare
景天科景天屬

l. 玉雪
× Sedeveria 'Yellow Humber'
景天科擬石蓮雜交屬

Pot.

鐵製橫長花器：
長600×寬70×高90mm

栽種法

(1) 在缽的左側種入紅稚兒。苗靠近後方，朝左前方傾斜。

(2) 小銀箭分成兩株，一株種在缽的左前方，讓莖垂到缽外。

(3) 在2的右側種入玉雪。高株配置在後方，苗朝左前方傾斜。

(4) 將龍血分株，種在3的旁邊，讓莖垂到缽的前方。

(5) 圓貝景天朝左前方傾斜，讓莖伸展到缽的前方。

(6) 磯小松分成兩株，一株種在5的右後方，如同圍繞著5種植。

(7) 在缽的中央稍微左側種入赫麗。較高的植株儘量配置在後方。

(8) 在赫麗的右側，將黃麗稍微朝左傾斜地種入。較高的植株配置在後方。

(9) 粉雪分成兩株，一株種在8的旁邊，讓莖垂到缽的前方。

(10) 在9的右後方種入女王紅。花穗和植株稍微面朝左側配置。

(11) 在10的右前方種入剩餘的小銀箭，讓莖垂到缽的前方。

(12) 在10的右側種入剩餘的磯小松。讓一部分的莖垂到缽的前方。

13　在磯小松的後方種入艷姿。

14　在艷姿的右側種入剩餘的龍血，讓艷姿的植株根部顯得華麗。

15　在缽的右端種入立田。配置在前方，讓葉片呈現從缽中溢出般的感覺。

16　在15的右後方種入剩餘的粉雪即完成。

complete

point. 1　呈現自然氛圍的配置

　　合植前，請先確立大致的配置。較高的植株種在後方，高度中等的種在中間，較矮的植株則種在前方。訣竅是較高的植株左右對稱配置，為了讓中央呈現茂密豐厚的整體感，種入中央的植株時稍微錯開以便種密一些。赫麗朝左側傾斜，磯小松的花穗也朝向左側，以呈現自然的氛圍。

point. 2　以下垂性的品種展現動感

　　種在中間較高的紅稚兒、玉雪和磯小松，具有讓組合盆栽呈現分量感的效用。立田和圓貝景天等較矮的植株，則種在缽的前方或配置在略高至中等的植株間來填滿空間，使作品整體顯得更均衡。葉片較小、莖下垂的品種種在前方，讓莖垂到外側，才能營造動感。

Feb.
c.

組合的材料＆作法

Plants.

a. 春萌
Sedum 'Alice Evans'
景天科景天屬

b. 千兔耳
Kalanchoe millotii
景天科伽藍菜屬
★可換用＝王妃神刀

c. 舞乙女
Crassula 'Jade Necklace'
景天科青鎖龍屬
★可換用＝星乙女

d. 星之王子
Crassula conjuncta
景天科青鎖龍屬

e. 蔓花月
Senecio jacobsenii
菊科黃菀屬

f. 小水刀
Crassula atropurpurea var. watermeyeri
景天科青鎖龍屬
★可換用＝花月

g. 美空鉾
Senecio antandroi
菊科黃菀屬
★可換用＝萬寶

Pot.

灰色陶缽：
直徑110×高140mm

栽種法

① 在缽的左後方種入春萌。植株向外側傾斜，中間側較高，讓它呈現擴散的感覺。

② 在缽的左前方種入小水刀。和1同樣地讓植株朝外側傾斜。

③ 主角的千兔耳種在右前方。植株朝外側傾斜，讓中央較高。

④ 在右後方種入蔓花月。以紅葉色的品種圍繞主角，以強調存在感。

⑤ 另一缽也同樣種入植株。

complete

---

point. ① 讓植物傾斜來調整組合的高度

這組作品是使用葉形和姿態有所差異的品種，讓成對的兩個盆缽呈現圓與線的對比感。當兩盆並列展示時，讓盆栽顯得美觀的祕訣，是完成時的高度和大小保持一致。種入植株較高的美空鉾時，讓它倒向左前方，這樣才能和其他的植株保持平衡。

---

point. ② 強調葉色和葉形的差異性

其中一缽種入圓葉形的植株。讓銀色葉色和因寒冷變紅的粉紅葉色植株交錯種入。另一缽則以葉片細長呈綠色的美空鉾為主角，以葉尖泛紅的舞乙女作為重點特色，集合向上生長的植株，來強調縱向的線條。

column
a

多肉植物是怎樣的植物呢?

耐乾且具有各式各樣外形的多肉植物,
到底是怎樣的植物?進一步來認識它們吧!

＊世界各地的多肉植物生長環境

多肉植物是葉、莖、根肥大,具有儲水功能的植物。它們故鄉原在有明顯乾季和雨季的乾燥地區,例如南非、東非、馬達加斯加和中南美等,據說光是原生種大約就有一萬種。在日本也有一部分的多肉植物為原生種,像是瓦松屬(Orostachys)、景天屬、景天科的圓扇八寶(Hylotelephium sieboldii)等。原生長在與日本氣候不同的環境中的多肉植物,移植到日本栽種時,其生長模式大致可區分為夏型種和冬型種兩大類。

＊多肉植物的種類和特徵

為適應原生地的環境,多肉植物的形態也開始發生變化,葉形、質感、顏色和樣式變得非常采多姿。葉形有圓的、細長的、扁平的、小的、大的等。有莖較高的、緩慢變大的、呈現動態感的、會橫向攀爬下垂的……自由組合個性豐富的多肉植物,是製作獨創組合盆栽的迷人之處。

＊認識多肉植物的特質

原生於乾燥地區的多肉植物,具有優異的儲水功能,喜乾燥不耐濕、喜好日照、排水、通風良好的環境。但是,其中也有像鷹爪草屬那樣,在日照強烈的戶外時葉子會被曬傷的品種。所以這類品種適合栽種在日光無法直射的陽台或室內。高溫、高濕的環境,對任何多肉植物都非常不利,常造成植株腐爛的情形。

夏型種

桃之嬌

自春季到秋季為生長期,冬季停止生長。這類型包括石蓮屬、朧月屬、星美人屬和景天屬等,一般市售的多肉植物幾乎都是夏型種。

冬型種

黑法師

自秋到冬季為生長期,夏季停止生長。這類型包括艷姿屬、厚敦菊屬、黃菀屬、石頭玉屬、肉錐花屬、青鎖龍屬的一部分等。

3

March

隆冬更添華美
＆耐寒性優異的
長生草屬搭配組合

本月的主角是葉形好似
花朵般的美麗卷絹家族。
只要改變盆缽的風格，
便能呈現各式各樣的風情。

Mar. a. 運用日用品營造藝術氛圍

享受冬季紅葉的依戀
卷絹家族的和風庭園

在生長期的春、秋兩季，長生草屬的葉色變得非常美麗，到了冬季受寒後顏色會變成紅黑色。它們雖然能在極度寒冷的戶外越冬，但卻不耐高溫多濕。夏季管理時，請放在不會淋雨，半日陰（譯註：半日陰指全天的陽光均從縫隙散射下來，而非直射。）的戶外，讓土保持略微乾燥。春、秋兩季若土的表面變乾，請施予充分的水分。

這個使用盆底鑽孔的中式炒鍋組合盆栽，是根據庭園式盆景的意象來製作。在中央配置石塊，一邊活用空間，一邊種入植株。我喜愛它那和風庭園般的氛圍。以剛買的植物合植雖然也很漂亮，但是我個人喜愛隔年或第二年後的植株姿態。這時的根部較強健，在母株周圍長出許多子株，那自然又美麗的姿態尤其令人感動。

主角植物：古拉斯
配角植物：普魯客

春季多肉植物的特徵　氣候逐漸變暖，春、秋型種的多肉植物在此時開始生長。因寒冷變色的葉色，到了春天也會變回嬌嫩的綠色。長生草屬的植株大多在3至5月上市。到了4、5月春天正式降臨，園藝店也開始展售各式各樣的多肉植物。

最初先決定石塊的配置。將
它置於中央稍後方，前方保
留較寬廣的空間。前面的空
間較大，盆栽整體也比較能
呈現景深。

弦月錦和紫月若變長，
從根部修剪以減少莖
數。它們很容易長根，
可以扦插方式栽種。

Mar. b. 如花束般優雅的組合盆栽

盆栽茂密渾圓
展現華麗的花束風格

　　挑選綠色、深紅色、泛青的銀色等
如花朵般五彩繽紛的長生草屬多肉植
物，使盆栽呈現花束風格。卷絹之間種
入伸展著長莖的弦月錦和紫月，更添華
麗感。溫度在5℃以下時，弦月錦和紫月

會凍傷，所以要放在戶外日照良好的屋
簷下，讓土保持乾燥一點。

主角植物：TL
配角植物：卷絹

在風格強烈的盆缽裡，以大量種植來平衡

在小天使的盆缽中
重現原生地的風情

這是以在原生地群生的長生草屬姿態為藍本，在裝飾有小天使的盆缽中進行合植。盆栽以泛紅三色葉為特色重點，來增加動感。若只有栽種長生草屬的多肉植物，放在無屋簷的戶外栽種也沒關係，但因為盆栽中還加入小銀箭

和魯冰，所以最好放在日照良好的屋簷下，讓土壤保持乾燥一點。

主角植物：大紅卷絹
配角植物：三色葉

夏季要減少澆水量，讓土保持乾燥點。也可以從根部修剪疏枝以保持通風，或在進入梅雨季前剪掉一株，重新種成新的盆栽。

Mar.

a.

組合的材料＆作法

Layout.

Plants.

a. 嘎瑟魯
Sempervivum 'Gazelle'
景天科長生草屬

b. 上海玫瑰
Sempervivum 'Shanghai Rose'
景天科長生草屬

c. 普魯客
Sempervivum cv.
景天科長生草屬
★可換用＝米拉（Echeveria mira）

d. 古拉斯
Sempervivum cv.
景天科長生草屬
★可換用＝冰莓
（Echeveria gilva 'Razberry Ice'）

e. 野馬
Sempervivum 'Bronco'
景天科長生草屬

f. 百惠
Sempervivum ossetiense 'Odeity'
景天科長生草屬

Pot.

中式炒鍋：直徑305×高70mm
庭石：長約150×寬約80×高約80mm
多肉植物專用培養土（當作化妝石使用）

栽種法

① 在容器中放入赤玉土取代盆底石。（也可使用市售的盆底石）

② 在容器中放入石塊和植株，以確立大致的配置。

③ 放入培養土，在左後方種入百惠和上海玫瑰。

④ 在3的前方放置石塊，下半部埋入土中固定。

⑤ 在容器的左前方種入嘎瑟魯。

⑥ 在最顯眼的靠中央位置，種入主角古拉斯。

⑦ 在古拉斯的前方種入野馬，種得稍微矮一點。

⑧ 在紅葉的古拉斯旁邊，種入綠葉的普魯客，以突顯古拉斯。

⑨ 加入取代化妝石的多肉植物專用培養土，蓋住赤玉土。

complete

point. ① 在鍋底鑽孔，成為獨樹一格的盆缽

　　這個組合盆栽是使用樣式單純、美麗的鐵製雙柄中式炒鍋來作為盆缽。以生活雜貨作為盆缽時，儘可能先以電動鑽孔機鑽孔後再使用。無法鑽孔時，放入盆底石後，為避免根部腐爛，一定要加入防根腐劑。

Mar. b.

組合的材料＆作法

Layout.

Plants.

a. 卷絹
Sempervivum arachnoideum
景天科長生草屬
★可換用＝嘎瑟魯

b. TL
Sempervivum 'TL'
景天科長生草屬
★可換用＝長生草

c. 黑王子
Sempervivum 'Black Prince'
景天科長生草屬

d. 沃克特茲變種
Sempervivum 'Woolcott's Variety'
景天科長生草屬

e. 紫月
Othonna capencis 'Ruby'
菊科厚敦菊屬

f. 火鳥
Sempervivum 'Fire Bird'
景天科長生草屬

g. 天王星
Sempervivum 'Uranus'
景天科長生草屬

h. 弦月錦
Senecio radicans
菊科黃菀屬

Pot.

水泥盆缽：
直徑 240 × 高 230mm

34

栽種法

(1) 在合植盆缽中放入要用的植株，確立大致的配置。

(2) 讓培養土中央高一點。在左後方向外傾斜地種入火鳥。

(3) 在2的前方種入已分株的弦月錦，讓莖垂到缽外。

(4) 在火鳥的前方種入卷絹，讓植株向外側傾斜。

(5) 在卷絹的右側種入剩餘的弦月錦。

(6) 將紫月分株，種在缽的前方，讓莖垂到容器外。

(7) 在中央種入黑王子，將這株種得更高。

(8) 讓TL向外側傾斜地種在缽的前方，在右側種入剩餘的紫月。

(9) 讓沃克特茲變種向外側傾斜地種在右後方。

(10) 在後方種入天王星，讓它向外傾斜。

(11) 整理弦月錦和紫月的莖，以呈現流動感。

complete

Mar.
c.
組合的材料＆作法

Layout.

Plants.

a. 格倫蘭德
Sempervivum cv.
景天科長生草屬

b.大紅卷絹
Sempervivum cv.
景天科長生草屬
★可換用＝上海玫瑰

c. 灰色黎明
Sempervivum 'Grey Dawn'
景天科長生草屬

d.P.都朋
Sempervivum cv.
景天科長生草屬

e. 魯冰
Sedum rubens
景天科景天屬

f.粉雪
Sedum Ostorare
景天科景天屬

g. 小銀箭
Crassula remota
景天科青鎖龍屬

h. 三色葉
Sedum spurium 'Tricolor'
景天科景天屬
★可換用＝龍血

Pot.

天使盆缽：寬210×高120mm
（加入裝飾：寬250×高280mm）

36

栽種法

①　栽種前先排放植株，確立大致的配置。

②　在盆裡放入盆底石和培養土。

③　在缽的左側，向外傾斜地種入灰色黎明，讓植株的一部分突出缽外。

④　將三色葉分株，種在3的旁邊。

⑤　前方種入魯冰，讓它垂向外面，後面種入P.都朋，將它種高一點。

⑥　在中央種入格倫蘭德，稍微種高一點，前方種入小銀箭，讓莖向外垂。

⑦　在6的側邊種入剩餘的三色葉，讓莖垂到前方。

⑧　在7的旁邊讓莖朝外地種入粉雪。

⑨　在右端種入大紅卷絹。植株朝外側傾斜，種得低一點。

complete

---

point. ① 不弄傷根部的分株技巧

　　多肉植物分株時，為避免弄傷根部，以手捏住根部慢慢地分開。尤其是景天屬、石蓮屬、長生草屬等根部較細的品種要特別小心。鷹爪草屬、龍舌蘭屬、蘆薈屬等根部較粗、子株獨立的品種，以手摘下植株來分株。

4

April

淡色調讓人心情愉悅
以淺色多肉植物製作
春之組合盆栽

翹首期盼的春天終於降臨。
我匯集了淺色調的多肉植物，
製作出春意盎然的組合盆栽。
在柔和的日照下，淡雅的葉色更加顯眼。

Apr. a. 清爽的綠色漸層

以淡葉色的多肉植物
宣告春天正式降臨

　　到了4月時，在冬季期間顏色變得深紅的多肉植物，葉色開始轉為嬌嫩的淡色調，許多品種都正式進入生長期。對於春秋型和夏型的品種來說，這時也是適合移植或重新栽種的季節。

　　製作一個與和煦春陽相互輝映的組合盆栽吧！這個想法促使我完成這個散發清爽氣息的淡色調花環形盆栽。挑選綠色系葉子的多肉植物，從深綠到淺黃，注重呈現漸層的色彩。花環狀的藤籃也先以塗料漆成粉綠色，更顯得可愛

與清爽。隨著氣溫上升，植株會開始茂密生長，所以每月一次將植株從藤籃中取出，修剪突出的莖，讓它保持圓潤的外形。

主角植物：靜夜玉綴
配角植物：Fun Queen

SUCCULENT

栽種的訣竅是植株不可過深突出藤
籃的邊緣。春天放在日照充足的地
方，土乾了之後，再施予大量的水
分。盛夏時放在通風良好、半日陰
的地方，適度的澆水。到了10月修
剪疏枝，以茂盛的植株重新體植。

使用盆底無洞的盆缽時，每一至兩天當培養土的表面泛白變乾時再澆水。土變乾的狀況，會因放置的地方和天候有所差異，注意到時請檢視土表的乾燥情況。

觀賞如新鮮沙拉般的景天屬新葉

這件以景天屬多肉植物製作，如新鮮綠色沙拉般的組合盆栽，是適合在新葉色調格外美麗的4至5月製作的作品。我選用外形獨特的紐倫堡珍珠作為重點特色，來加強盆栽給人的印象。置於室內時，日照不足和通風不良常造成徒長的現象。建議放在戶外日照良好、不會淋雨的陽台或屋簷下等處。

主角植物：黃金圓葉萬年草
配角植物：紐倫堡珍珠

虹之玉錦 & 迷你蓮
茂密地栽種在根部

我運用具絲絨般柔軟質感的獠牙仙女之舞，以及帶有淡淡粉紅色的曝日，挑戰製作散發少女氣息的組合盆栽。盆栽分別種在兩個一組的罐子裡，放在窗邊以供觀賞。在伸著搖晃長莖的曝日和獠牙仙女之舞的根部，還種入迷你蓮和虹之玉錦。植株保持低矮，外觀看起來比較漂亮，所以請視生長狀況修剪以維持適當的高度。

主角植物：獠牙仙女之舞・曝日
配角植物：迷你蓮・紫麗殿

獠牙仙女之舞和曝日的葉片，有可能被太陽曬傷，所以盛夏時請避免太陽直射。盛夏和隆冬之際要減少澆水量，春季和秋季土的表面變乾後，才給予大量的水分。

Apr.
a.

組合的材料 & 作法

Plants.

a. 靜夜玉綴
× Sedeveria 'Supar brow'
景天科擬石蓮雜交屬
★可換用=玉綴

b. 綠之鈴
Senecio rowleyanus
菊科黃菀屬

c. Fun Queen
Echeveria 'Van Breen'
景天科石蓮屬
★可換用=綠牡丹

d. 天使之淚
Sedum treleasei
景天科景天屬

e. 爪蓮華
Orostachys japonicus
景天科瓦松屬

f. 小米星
Crassula 'Tom Thumb'
景天科青鎖龍屬

g. 翠星
Crassula rupestris cv.
景天科青鎖龍屬

h. 花椿
Crassula 'David'
景天科青鎖龍屬

i. 圓葉萬年草
Sedum makinoi
景天科景天屬

j. 千代田之松
Pachyphytum compactum
景天科星美人屬

Pot.

花環形藤籃:
直徑230×栽種寬度70×高60mm
苔蘚／壓克力塗料（粉綠色）／毛刷

42

栽種法

1 將整個花環形籐籃塗上粉綠色壓克力塗料。

2 在花環形籐籃的塑膠布上，以打洞器打洞。

3 放入培養土。因為栽種部分很淺，也可以不放入盆底石。

4 培養土放至八分滿程度。

5 種入Fun Queen。和土保持垂直種入，別讓植株突出邊緣。

6 將分成兩株的綠之鈴，種在靠近內側的邊緣。

7 在6的前方種入靜夜玉綴。在前方和後方一邊錯開植株，一邊種入。

8 在外側邊緣種入分成兩株的翠星。

9 在8後方的內側邊緣，種入分成兩株的圓葉萬年草。

10 在圓葉萬年草的旁邊種入天使之淚。

11 將分成兩株的小米星種在天使之淚的旁邊。

12 將分成兩株的花椿種在小米星的旁邊。

(13) 在花椿的旁邊種入已分株剩餘的翠星。

(14) 在翠星旁邊的栽種部分中央，種入千代田之松。

(15) 將剩餘的圓葉萬年草，調整成栽種部分的寬度，種在14的旁邊。

(16) 在7的靜夜玉綴的對角線位置上，再種入一株靜夜玉綴。

(17) 在靜夜玉綴的旁邊，種入已分株剩餘的花椿，種在靠近外側的邊緣。

(18) 在花椿後方的內側邊緣，種入已分株剩餘的小米星。

(19) 在小米星的旁邊種入爪蓮華。

(20) 在爪蓮華的旁邊種入已分株剩餘的綠之鈴。

(21) 在能看見培養土的部分覆蓋上苔蘚。

complete

point. (1) 以對比的葉色使表情更豐富

將千代田之松、靜夜玉綴、Fun Queen等大葉型品種，和圓葉萬年草、翠星、花椿等小葉型品種交錯種植；或將葉色深和淡的品種交錯種種。善用大小、顏色的差異性增加對比感，能使盆栽完成後展現更豐富的表情。

Apr. | b.

組合的材料＆作法

Layout.

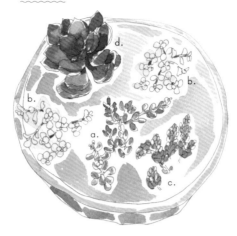

Plants.

a. 大唐米
Sedum oryzifolium
景天科景天屬

c. 微風天使
Sedum brevifolium
景天科景天屬

b. 黃金圓葉萬年草
Sedum makinoi 'Aurea'
景天科景天屬
★可換用＝細葉黃金萬年草

d.紐倫堡珍珠
Echeveria 'Perle von Nurnberg'
景天科石蓮屬
★可換用＝初戀

Pot.

歐蕾咖啡杯：
直徑150×高75mm
防根腐劑

栽種法

1 在容器底部放入防根腐劑。

2 放入盆底石。

3 放入培養土至容器八分滿程度。

4 在容器的左後方種入紐倫堡珍珠，讓植株朝缽的邊緣側傾斜。

5 將黃金圓葉萬年草以7：3的比例分株，大份植株種在4的前方。

6 拿著大唐米的根部，按壓讓它展開。

7 在容器的中央種入7的大唐米。

8 在容器的右側種入微風天使。

9 在容器後方的空間，種入已分株剩餘的黃金圓葉萬年草。

point. 1 讓植株外形改變的技巧

像大唐米、圓葉黃金萬年草這類小葉的品種，是合植時不可或缺的配角植物。雖然大部分盆栽中會分株成兩、三份使用，但這個盆栽中，是使用細長葉形的品種。以雙手拿著植株的根部，一邊輕輕地按壓，一邊讓植株擴展開來。

complete

46

Apr.
c.

組合的材料＆作法

Plants.

d. 獠牙仙女之舞
Kalanchoe behalensis 'Fang'
景天科伽藍菜屬
★可換用＝仙女之舞變種
（Kalanchoe beharensis cv. Rose Lieef）

b. 紫麗殿
×Pachyveria 'Blue Mist'
景天科Pachyveria屬
（厚葉景天×擬石蓮屬）
★可換用＝千代田之松

a. 曝日
Aeonium urbicum 'Sunburst'
景天科艷姿屬
★可換用＝曝月

c. 虹之玉錦
Sedum rubrotinctum f. variegata
景天科景天屬

e.迷你蓮
Sedum prolifera
景天科景天屬
★可換用＝小美人（Sedum 'Little Beauty'）

Pot.

方筒罐：
大／長125×寬125×高175mm
小／長105×寬105×高150mm
苔蘚／防根腐劑

栽種法

① 在罐裡放入盆底石至五分之一的高度。

② 因為罐底沒有孔，所以要放入防根腐劑。

③ 在罐裡放入培養土至八成滿的高度。

④ 在罐子的右後角種入曝日，讓植株稍微向前方傾斜。

⑤ 在罐子的左前角種入紫麗殿。

⑥ 在曝日的根部種入虹之玉錦。

⑦ 在能看見培養土的部分覆蓋上苔蘚。

point. ① 當成一件作品採用共通的栽種法

　　大小並列展示的這兩個盆栽，可當作一件作品來看。大小兩個罐子分別以較高的獠牙仙女之舞和曝日作為主角，根部再加上較矮的多肉植物，栽種法也一樣。最後以苔蘚蓋住露出的培養土，搭配粉色罐子給人優雅的感覺。

complete

point. ② 考慮到觀賞的視線來栽種

　　製作組合盆栽時，最初要先考慮哪裡是正面，從哪個角度觀賞，再開始進行作業。這個組合盆栽是設定視線來自側面。主角曝日種在罐子的最後方，為了能充分欣賞葉子的姿態和美麗的色調，種植時刻意讓它稍微向前方傾斜一些。

多肉植物的聰明選購法

在園藝店家或多肉農場等地，能輕鬆購得多肉植物。
特意前去選購，當然要選擇健康良好的植株囉！

＊如何挑選好植株

葉和葉之間的間距較
窄，高度較矮。葉色深
濃、鮮豔，品種特徵明
顯的較佳。並選擇莖向
上伸展的品種、根部不
會搖晃不穩的植株。

＊如何辨識不良植株

莖細長、葉間的間距寬
大。在日照不穩定的環
境，或通風不良的環境
中，葉片變得向外過度
展開，顏色也變得較
淡，這類植株均不適合
購買。

選擇陳列在日照良好的店內
葉色鮮麗的植株

　　要從園藝店中成排展售的多肉植物
中，挑選出優良的商品時，有幾項要點
需注意。第一是賣場的環境，以及葉
色、葉形和植株的狀況等。若是放在
日照、通風不良的環境中，多肉植物常
有徒長的現象。葉色和新芽的顏色會
變淡，喪失原有漂亮的顏色，植株也變
得細細長長的，葉間距離變得很寬。植
株一旦變成這種狀態，就無法恢復原狀
了。所以請勿挑選已徒長的植株。請選
擇將多肉植物放在有充分日照環境的店
家，再從中來挑選植株。

　　如果培育中的植株發生徒長的情
形，必須切掉節葉間較疏的徒長部分。

上圖是黑田園藝的賣場。販售
由我和員工們製作的多肉植物
組合盆栽。盆栽和雜貨一起擺
設裝飾，展現出自然的氛圍。

適合當作禮物的組合盆栽
一定要學起來的贈禮風格

在生日＆婚禮等特殊日子裡，
以多肉植物的組合盆栽，
當作禮物送給重要的人如何呢？
現在就來學習製作這盆真情洋溢的盆栽吧！

May. | a. 如採摘野花般重視整體的平衡

以誠摯心意製作的
多肉組合盆栽禮物

當你熟悉組合盆栽的製作之後，不妨來挑戰製作一盆，送給重要的人當作禮物吧！與普通的花草相比，多肉植物既不需要頻繁澆水，又很少發生病蟲害，即使是園藝新手也很容易照顧和栽培。現在，我們就來製作清新風格如花束般華美，或如珠寶盒般風格等，讓人想隨時放在身邊的各式漂亮組合盆栽吧！

我以雜貨店找到的芬蘭風格編織籃，為平時多方照顧我的朋友，製作了一盆方便贈送的禮物。以明亮的綠色和黃綠色多肉植物，展現5月美麗的新綠。使完成的盆栽，散發著讓人想提著籃子去遠足般的明朗活潑氣氛。

主角植物：愛星
配角植物：圓葉萬年草

若出現植株生長、莖延展變
長的情形，請修剪整理外
形。剪下的莖還可以插枝繁
殖。到了9月至10月左右，
可以進行分株或重新栽種。

51

May. b. 洋溢慶賀之心的優雅色彩

如華麗花束般的
優雅組合盆栽

　　以婚禮花束的感覺來設計的盆栽，使用許多植株，顯得相當豪華。不留縫隙緊密栽植，比起寬鬆地栽種，植株不但長得比較慢，而且因為種得很密，通風也變得比較差，所以嚴禁太濕。照顧時，盆栽需放在日照和通風良好、避免淋雨的地方，讓土保持乾燥一點。若莖變長、外觀變形後，就需要修剪疏枝整理外觀。

主角植物：特葉玉蝶
配角植物：黛比

若擔心夏季悶濕，也可以在7月上旬重新栽種。剪下1株重新栽種，植株間保留空隙，通風會變得比較好。

May. c. 外觀如時尚珠寶盒般可當作贈禮

讓人想裝飾在桌上的
小型珠寶盒

這是讓人想送給戀人，流露時尚感的多肉珠寶盒。主角為鷹爪草屬的青雲之舞，在陽光照射下看起來宛若鏡片般閃閃發光。使用的植株雖然只有少少的3種，但垂在前面的愛之蔓錦的長莖，顯得十分華麗。在戶外日光直射下，青雲之舞和愛之蔓錦的葉子可能會被灼傷，所以要放在通風良好且半日陰處。

這個盆栽雖然也能放置在日照良好的室內，但它們不耐高溫和悶濕，所以盛夏時，請儘量放在涼爽的環境中。以窗簾遮住直射的陽光，讓光線變柔和，澆水也儘量採取最少的量。

主角植物：青雲之舞
配角植物：愛之蔓錦

May.
a.

組合的材料＆作法

Layout.

Plants.

b. 上海娘
Cotyledon orbiculata
景天科銀波錦屬

c. 松葉佛甲草
Sedum mexicanum
景天科景天屬

d. 磯小松
Villadia batesii
景天科塔蓮屬

a. 大葉圓葉萬年草
Sedum tetractinum
景天科景天屬

f. 愛星
Crassula rupestris f.
景天科青鎖龍屬
★可換用＝翠星

e. 圓葉萬年草
Sedum makinoi
景天科景天屬
★可換用＝垂盆草
（Sedum sarmentosum）

j. 群雀
Pachyphytum hookeri
景天科星美人屬

g. 小玉
Sedum littlegem
景天科景天屬

i. 熊童子
Cotyledon tomentosa ssp. Ladismithensis
景天科銀波錦屬

h. 銀箭
Crassula mesembryanthemoides
景天科青鎖龍屬

Pot.

編織籃：
長210×寬170×高140mm
（連提把高度230mm）
防根腐劑

栽種法

(1) 將塑膠紙捲成圓筒狀，以打孔器在鋪在缺底的部分打洞。

(2) 將1鋪入籃子裡。

(3) 在籃裡放入盆底石至十分之一的高度。

(4) 接著放入培養土至籃子的八分滿程度。

(5) 以剪刀剪掉凸出於籃子的塑膠紙。

(6) 在籃子的左後方種入已分成兩株的銀箭，讓莖朝邊緣側傾斜。

(7) 在6的前方種入已分株的松葉佛甲草，讓莖垂向籃外。

(8) 將已分成兩株的大葉圓葉萬年草種在7的右側，種得比7稍微高一點。

(9) 重點的群雀種在松葉佛甲草的右側，垂直地種入土中。

(10) 將已分成兩株的磯小松種在7的前方。讓莖朝邊緣傾斜垂向籃外。

(11) 將小玉分成兩株種入左前方，莖垂至前方。

(12) 在前方種入熊童子。

13 在提把下方種入圓葉萬年草，將莖引拉至前方。

14 在前方種入剩餘的圓葉萬年草，讓莖長長地垂在前方。

15 在提把的下方種入已分株剩餘的松葉佛甲草。

16 在中央種入已分株剩餘的磯小松，讓它垂直地種入土中。

17 在後方種入已分株剩餘的銀箭，一邊讓它朝前方傾斜，一邊栽種。

18 在17的右側種入已分株的大葉圓葉萬年草。讓植株朝邊緣側傾斜。

19 在18的後方種入愛星，讓它垂直地種入土中，比17、18稍微高一點。

20 在19的後方種入上海娘。

21 在20的右側種入小玉，在右後方種入剩餘的圓葉萬年草。

complete

point. 1 選用輕量型的培養土和盆底石

　　以藤籃、木製籃或盒當作盆缽使用時，直接放入培養土容易使多肉植物腐爛，所以最好鋪上排水用已打洞的塑膠紙後再栽種。若使用像這個提籃般不太牢固的容器時，為了儘量避免增加重量，要使用較輕的盆底石和培養土。

May.
b.

組合的材料＆作法

Plants.

a. 特葉玉蝶
Echeveria runyonii 'Topsy Turvy'
景天科石蓮屬
★可換用＝麗娜蓮

b. 黛比
× Graptoveria 'Debbie'
景天科屬風車草×擬石蓮屬
★可換用＝莎薇娜（Echieveria shaviana）

c. 初戀
Echeveria 'Huthspinke'
景天科石蓮屬

d. 布魯夏多
Echeveria cv.
景天科石蓮屬

f. 霜之朝
× Pachyveria 'Exotica'
景天科Pachyveria屬
（厚葉景天×擬石蓮屬）

g. 紫月
Othonna capencis 'Ruby'
菊科厚敦菊屬

h. 星之王子
Crassula conjuncta
景天科青鎖龍屬

i. 銀之太鼓
Kalanchoe bracteata
景天科伽藍菜屬

j.朧月
Graptopetalum paraguayense
景天科朧月屬

e. 白石
Echeveria 'Opal'
景天科石蓮屬

Pot.

附有握柄的素燒盆缽：
直徑230×高180mm

栽種法

① 放入缽底網，盆底石放至缽的十分之一高度，再放入培養土至八分滿。

② 在缽的左後方種入初戀，讓植株朝邊緣側傾斜。

③ 在2的前方種入銀之太鼓和已分株的紫月，讓莖垂向容器外。

④ 在缽的左正面，種入顯眼的黛比，讓植株朝前方傾斜。

⑤ 在中央垂直重入霜之朝，在正面種入紫月，讓莖垂至前方。

⑥ 在霜之朝的前方種入已分株的星之王子，讓葉色和外型形成對比。

⑦ 在右前方種入特葉玉蝶和朧月。朧月垂向外面，以呈現躍動感。

⑧ 在右後方種入白石。在其左側種入布魯夏多，一邊栽種，一邊讓它朝外側傾斜。

⑨ 在中央後方種入剩餘的星之王子。

point. ① 利用顏色＆外形的對比增添風情

　　為了讓盆栽看起來像花束一般，栽種時，讓盆缽邊緣的植株稍微向外側傾斜，在中央部分則種入較高的植株，或將中央表面的土堆得高一點。莖下垂的紫月和縱向生長的星之王子，主要配置在作為主角的石蓮屬等植株之間，讓葉色和葉形形成對比感。

complete

May.

c.

組合的材料＆作法

Layout.

Plants.

b. 青雲之舞
Haworthia cooperi var. cooperi
獨尾草科（Asphodelaceae）鷹爪草屬
★可換用＝玉綠

c. 愛之蔓錦
Ceropegia woodii f.variegata
蘿藦科吊燈花屬
★可換用＝紫月

a. 天錦章
Adromischus cooperi 'Tenkinshou'
景天科天錦章屬

Pot.

玻璃製珠寶盒：
長90×寬90×高90mm
多肉植物專用培養土／防根腐劑

栽種法

① 在容器的底部放入防根腐劑。

② 放入多肉植物專用培養土至容器的八分滿。

③ 在中央的後方種入分成兩株的愛之蔓錦。

④ 在左前方種入主角的青雲之舞，讓它稍微朝前方傾斜。

⑤ 在右後方種入天錦章，前方種入剩餘的愛之蔓錦。

complete

---

point. ① 種植時也要考慮到來自側面的視角

　　這盆盆栽也是設定放在室內，為了讓它從各個角度欣賞都漂亮，栽種的同時，還要顧慮到側面看起來是否美觀。在透明玻璃容器中栽種小盆栽時，因為能看見裡面的培養土，所以請選擇外觀漂亮一點的介質。這次我選用細顆粒組合的仙人掌、多肉植物專用培養土。

超個性派的變種也是同類

外形讓人有點害怕的個性化綴化種、長刺的仙人掌，
都是多肉植物的一種喔！

仙人掌是多肉植物的同類

多肉植物的根、葉和莖長得相當肥大，具有儲藏水分的功能。而原生地在北美、南美沙漠地區的仙人掌，也是多肉植物的一種。仙人掌科非常龐大，擁有200屬，其種類多達2500種以上。因此有別於其他多肉植物，它們大多被獨立看待。從柱狀外形，到團扇形、球狀等，仙人掌不論外形、顏色或刺的狀態，都相當豐富。

鸞鳳玉　　　　　內裏玉

白樂翁　　　　　晃山

綴化（或石化）是指什麼？

原本植物以成長點為中心，向上生長，但因突變，使得成長點朝水平方向發展，即稱為綴化。綴化的多肉植物外形與原來的外形差異很大，變得非常有趣、個性十足。因外形讓人印象十分深刻，所以當作重點特色極有效果。本書中使用的綴化種，包括P.85的曝日綴化、P.65的岩石獅子、黃金鈕冠等。

綴化種的岩石獅子　　　綴化種的黃金鈕冠

儘管有刺，卻不是仙人掌

龍舌蘭屬的五色萬代、蘆薈屬的不夜城等，有一部分的多肉植物，長有仙人掌般的尖刺。其中，像大戟屬的紅彩閣、霜之鶴等，外形也和仙人掌非常類似。仙人掌和其他多肉植物不同點在於，仙人掌的刺是從附有輕柔如絨毛的刺座中長出，但是多肉植物卻沒有刺座。

五色萬代　　　　　不夜城

6

June

適合夏天製作的
仙人掌組合盆栽

仙人掌具有非常多的種類，
該科約有200屬多達數千種。
到了讓人感到暑熱的季節，
不妨挑戰個性十足的仙人掌吧！

Jun. | a. ## 以白仙人掌呈現法國復古時尚風格

集合白色仙人掌
組合復古風盆栽

仙人掌是多肉植物的一種。在生長
期的春、秋兩季，適合放在戶外接受陽
光直射，但盛夏時要避免強烈的直射陽
光及西曬，需放置在明亮、半日陰處栽
種。仙人掌不耐寒，冬季時可移入室內
放在窗邊以供欣賞。春、秋季時，除了
接受充分的日照之外，也需適時澆水避
免土太乾，才能生長良好。

仙人掌給人的印象充滿野性，但有
的合植在一起卻能給人優雅的感覺。使
用附有裝飾腳的花盆，集中白色的品種

合植成盆栽。包括長有長刺和許多子株
的可愛白珠丸、外皮有白色斑點無刺的
鸞鳳玉和恩塚鸞鳳玉、覆蓋絨毛的月晃
殿、以及覆有白色緣棘的內裏玉。將不
同個性的仙人掌合植在一盆，箇中的樂
趣請你務必親身體驗。

主角植物：鸞鳳玉
配角植物：內裏玉

夏季多肉植物的特徵　夏季大多販售喜好強光的蘆薈屬、棒錘樹屬、大戟屬、虎尾蘭屬等多肉植物。在高溫多濕的日本夏季，
這些多肉生長旺盛，能欣賞到美麗的綠葉。儘管夏季也有販售石蓮屬、青鎖龍屬、景天屬和朧月屬等多
肉植物，不過比起春、秋兩季，數量略少一些。

與其他的多肉植物相比，仙人掌的生長較緩慢。請一邊觀察生長的狀況，若覺得長得太密，隔年春天請重新栽種。

Jun. b. 讓盆栽展現男性風格

搭配具有風格的缽罐
突顯植物各自的特色

　　這組作品是在復古罐中，分別單株種入喜愛的迷你仙人掌，例如渾圓的、高的、有白毛可愛的、姿態奇特的等，再一起展示。因為罐底沒打孔，澆水時請以水壺少量澆水，或以噴霧器噴水即可。特別是在高溫的8月期間，培養土若經常潮濕，根會很容易腐爛，必須特別注意。

主角植物：白星・白樂翁
配角植物：白雲丸・松風

能欣賞到仙人掌不同姿態與大小的盆栽，並以樸素的風格展示。

Jun. | c. 在黃色盆缽中綻放仙人掌的魅力

讓美妙的綴化仙人掌
展現和風情調

　　岩石獅子和黃金鈕冠，乍看之下令人毛骨悚然的綴化仙人掌，和黃色的盆缽組合，沒想到卻意外地搭配。再加上兩株金晃丸，黃與綠的色調搭配令人印象深刻。作為重點的白色高砂種在右前方，使組合盆栽呈現出和風感。

這個盆栽最好放在一天日光能直射6小時以上的地方。春、秋兩季當表土泛白變乾，經過兩至三天後再大量澆水。盛夏時，每月在天氣涼爽、略低一至兩度的日子再進行澆水。

主角植物：岩石獅子
配角植物：金晃丸

65

Jun. | a.

組合的材料＆作法

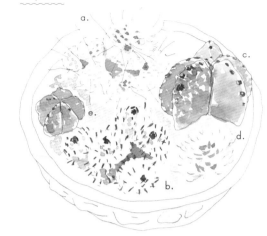

Plants.

a. 白珠丸
Mammillaria geminispina
仙人掌科疣仙人掌屬

b. 內裏玉
Mammillaria dealbata
仙人掌科疣仙人掌屬
★可換用＝月世界

c. 鸞鳳玉
Astrophytum myriostigma
仙人掌科有星屬
★可換用＝兜

d. 月晃殿
Mammillaria guelzowiana
仙人掌科疣仙人掌屬

e. 恩塚鸞鳳玉
Astrophytum myriostigma var. strongilogonum
仙人掌科有星屬

Pot.

花紋高腳素燒盆缽：
直徑250×高90mm
（含腳高度：160mm）
多肉植物專用培養土

栽種法

① 在盆缽中放入缽底網、盆底石和多肉植物專用培養土，在中央後方種入白珠丸。

② 在左前方種入內裏玉。較矮的植株配置在前方。

③ 在右後方種入鸞鳳玉。

④ 在內裏玉的旁邊種入恩塚鸞鳳玉。

⑤ 在右前方種入月晃殿。全部垂直種入，利用不同高度的植株呈現高低層次。

complete

point. ① 突顯個性的單色組合

　　雖然都是白色的品種，但搭配了包括長絨毛的、子球繁殖的、沒有刺的植栽，這樣就能突顯出每一種的特色。配置時，請先確立合植的要角白珠丸、鸞鳳玉和內裏玉這三株的位置，之後在植株間再加種小仙人掌。

Jun. b.

組合的材料 & 作法

Plants.

a. 松風
Rhipsalis capilliformis
仙人掌科絲葦屬
★可換用＝白檀

b. 白樂翁
Espostoa ritteri
仙人掌科老樂柱屬
★可換用＝幻樂

c. 晃山
Leuchtenbergia principis
仙人掌科山光屬

f. 白星
Mammillaria plumosa
仙人掌科疣仙人掌屬
★可換用＝玉翁

d. 白雲丸
Mammillaria crucigera
仙人掌科疣仙人掌屬
★可換用＝輝夜姬

e. 黛絲丸
Mammillaria theresae
仙人掌科疣仙人掌屬

Pot.

復古罐：
栽種部分的直徑35至50×
高100至120mm 6個
多肉植物專用培養土／防根腐劑

68

栽種法

① 在容器中放入培養土至三分之一的高度。

② 放入防根腐劑。

③ 種入植株，在植株和缽的空隙間放入培養土，以細棍戳刺讓土和根緊貼。

④ 根較粗大的植株，種植前弄掉培養土。

⑤ 戴上手套後再拿仙人掌。但沒有刺的可以直接徒手作業。

⑥ 將植株稍微拿高一些，在缽和植株之間放入培養土。

⑦ 和步驟3相同，以細棍戳刺讓土和根緊貼。注意別戳傷根部。

complete

point. ① 仙人掌的移植技巧

當仙人掌的根塞滿整個缽時，先輕輕的弄散附在根上的培養土。若根長得太長，可以剪刀剪掉三分之一的長度。修剪過根的植株，不要立刻栽種，靜置一至兩天，讓切口變乾後再種到容器中。

Jun.

c.

組合的材料 & 作法

Plants.

a. 岩石獅子
Cereus peruvianus f. monstrosus variegate
仙人掌科仙人柱屬
★可換用＝金獅子

b. 黃金鈕冠
Hildewintera aureispina f. Cristata
仙人掌科管花柱屬

d. 高砂
Mammillaria bocasana
仙人掌科疣仙人掌屬

c. 金晃丸
Eriocactus leninghausii
仙人掌科金晃屬
★可換用＝金盛丸

Pot.

盆栽缽
長230×寬230×高90mm
（含腳高度110mm）

栽種法

① 在缽中鋪入缽底網。

② 在缽裡放入盆底石至五分之一的高度。

③ 放入培養土至缽的八分滿程度。

④ 在左後方種入兩株岩石獅子的其中一株。

⑤ 在左前方也種入一株，一邊栽種，一邊讓它稍微朝前方傾斜。

⑥ 在右後方種入黃金鈕冠。

⑦ 將兩株金晃丸的其中一株大的種在中央。

⑧ 在7的前方再種入另一株金晃丸，一邊栽種，一邊讓它稍微朝前方傾斜。

⑨ 在右前方種入高砂。

complete

point. ① 配置後讓土和植株緊貼

　　說到仙人掌，刺可說是它的最大特徵。有的仙人掌的刺很尖銳、有的很容易脫落、有的容易刺傷手，所以作業時，請務必戴上手套。

　　種入植株後，以細棍戳刺培養土。讓土和根能夠緊貼，才能確實固定植株。

以玻璃容器展現清涼感的組合盆栽
讓人充分領略夏季的片刻

梅雨結束後，夏天正式來臨。
高溫多濕的夏季，為了表現清涼感，
以玻璃容器來製作組合盆栽。
也可以使用身邊的
餐具或花器來組盆。

Jul. a. 能長期觀賞，充滿魅力的龍舌蘭屬

以缽底無孔的容器合植時
關鍵在於澆水的方法

製作組合盆栽時，基本上會選擇底部有孔的盆缽，若無孔時，可以先打洞再使用。如果像本月使用的玻璃容器般無法打洞時，解決的方法是栽種前先放入防根腐劑。無孔容器的澆水方法也是一大重點，土要避免經常處於潮濕的狀態，土變乾兩至三天後，再徹底將土澆濕即可。

這個以龍舌蘭屬為主角的組合盆栽，使用了透明的玻璃容器。容器中盛有三層重疊的培養土和砂石，外觀猶如地層的剖面般。我希望盆栽能裝飾在客廳，因此搭配了在屋內也能蓬勃生長的龍舌蘭屬、鷹爪草屬和蘆薈屬的多肉植物。

主角植物：五色萬代
配角植物：滿天之星

在室內若放在西曬太烈的地方，容器裡的溫度會升高。可以蕾絲窗簾遮住光線來調整環境。

Jul. | b. 充滿玩心的組合缽

清爽色調的多肉植物
外觀如沙拉一般

在同款式但不同色的Fire King容器
中，繽紛多彩地種入綠色和銀色系多肉
植物。準備相同的植株，種法也相同，
以突顯連續性的趣味與可愛感。選擇淡
色調的品種，完成後整體散發涼爽的感
覺。澆過水之後，要等土徹底變乾後再
澆水。最好是掌握土變乾的週期來澆
水。

主角植物：銀波錦
配角植物：玉雪

夏季7月的強烈日照
可能會曬傷葉子。
盆栽要放在通風良
好且半日陰處，並
預防溫度升高。

考慮植物的造型美所製作的組合盆栽

在玻璃空間中製作的
小型實驗室

具有厚度、給人穩重印象的玻璃罐,為配合其縱長外形,我也挑選縱向生長的多肉植物。運用樹枝和溫度計等,使盆栽還兼具科學實驗感的趣味。

植株生長、莖茂盛後,容器裡會變得擁擠侷促,將產生潮濕悶熱的情形。

這時從根部剪掉長出的許多莖,以減少莖的數量,讓玻璃罐中的空間變得大一點。

主角植物:右/Dorian Flake　左/銘月
配角植物:右/銀箭　左/義經之舞

蘆薈屬的母株周圍長出許多子株。若長到會碰到玻璃罐時,入秋後需進行分株作業。

Jul. | a.

組合的材料＆作法

Plants.

a. 不夜城錦
Aloe nobilis.variegata
獨尾草科蘆薈屬

b. 五色萬代
Agave lophantha variegata
龍舌蘭科龍舌蘭屬
★可換用＝笹之雪

c. 滿天之星
× Gasteraloe 'Manten no Hoshi'
獨尾草科Gasteria × Aloe的異屬雜交
★可換用＝千代田錦

d. 九輪塔
Haworthia reinwardtii var. chalwinii
獨尾草科鷹爪草屬

Pot.

玻璃方形缽：
長140×寬140×高140mm
浮石／砂石／小粒赤玉土／
防根腐劑

76

栽種法

① 在容器的底部一邊放入浮石和砂石，一邊改變厚度，以呈現傾斜感。

② 在1的上面再放入赤玉土至容器的八分滿程度。

③ 在左前方種入五色萬代，植株配合容器的角度朝邊緣側傾斜。

④ 在五色萬代的右方種入滿天之星。植株配合容器的邊角朝邊緣側傾斜，葉子伸到容器外。

⑤ 在右後方種入不夜城錦。

⑥ 在中央的後方種入九輪塔。

complete

point. ① 粗根植物的移植方法

組合龍舌蘭屬等根較粗的多肉植物時，從缽中取出後，一邊留意別弄斷根部，一邊徹底去除舊土。龍舌蘭屬雖然是非常強健的植物，但因為根部不喜太乾，所以請儘速作業。鷹爪草屬、黃菀屬等多肉植物也相同。

point. ② 鋪入砂石&介質‧看起像地層般

玻璃容器中能看見的介質，使用了浮石、砂石和小粒赤玉土。最下方先鋪入3至5cm的浮石，再鋪入2至3cm砂石，最後再放入赤玉土。介質刻意鋪成如地層剖面般傾斜，顯得十分有趣。多餘的水會流入最下方的浮石中，這是考慮到斷水所需的構成法。

Jul. | b.

組合的材料＆作法

Layout.

Plants.

a. 覆輪萬年草
Sedum makinoi f. variegata
景天科景天屬

b. 霜之朝
× Pachyveria 'Exotica'
景天科屬厚葉草屬與石蓮屬的
雜交種

c. 月兔耳
Kalanchoe tomentosa
景天科伽藍菜屬

d. 白晃星
Echeveria pulvinata 'Frosty'
景天科石蓮屬

e. 變色龍
Sedum reflexum 'Chameleon'
景天科景天屬

f. 萬寶
Senecio serpens
菊科黃菀屬

g. 銀波錦
Cotyledon undulate
景天科銀波錦屬
★可換用＝上海娘

h. 玉雪
× Sedeveria 'Yellow Humbert'
景天科擬石蓮雜交屬
★可換用＝樹冰

i. 金色光輝
Echeveria 'Golden glow'
景天科石蓮屬

Pot.

玻璃缽：
直徑160×高65mm
多肉植物專用培養土／
防根腐劑

栽種法

① 在缽裡放入防根腐劑、盆底石和培養土，左後方朝邊緣側傾斜種入霜之朝。

② 拿著覆輪萬年草的根部，將它分成兩株。

③ 在1的前方種入一株已分株的覆輪萬年草，讓它朝邊緣側傾斜。

④ 在3的左方種入已分株的變色龍，在內側種入金色光輝。

⑤ 在左前方種入主角的銀波錦，讓植株朝邊緣側傾斜。

⑥ 在右前方種入玉雪，在後方種入剩餘的覆輪萬年草。

⑦ 在覆輪萬年草的右方種入月兔耳和白晃星。將月兔耳垂直地種入土中。

⑧ 在中央的後方種入剩餘的變色龍。

⑨ 在右後方種入萬寶。後方的植株朝前傾斜種入，以便從前方能夠看到。

complete

point. ① 栽種前確立配置相當重要

作為主角的銀波錦和重點特色月兔耳，兩者都是銀色調。為了讓它們更顯眼，將其配置在前方和中央。擔任陪襯角色的綠色玉雪，種在主角的右方。同樣是綠色的金色光輝，則種在主角的左後方。最後在植株之間，再種入變色龍和覆輪萬年草。

Jul.

c.

組合的材料＆作法

Layout.

Plants.

a. 若綠
Crassula lycopodioid var. pseudolycopodi
景天科青鎖龍屬

b. Dorian Flake
Aloe rauhii 'Dorian Flake'
獨尾草科蘆薈屬
★可換用＝翡翠殿

c. 銀箭
Crassula mesembryanthemoides
景天科青鎖龍屬
★可換用＝普諾莎

d. 紀之川
Crassula 'Moon Glow'
景天科青鎖龍屬

e. 碧雷鼓
Xerosicyos danguyi
葫蘆科沙葫蘆屬

f. 義經之舞
Crassula cv.
景天科青鎖龍屬
★可換用＝天狗之舞

g. 姬御所錦
Adromischus triginus
景天科天錦章屬

h. 銘月
Sedum adolphii 'Golden Glow'
景天科景天屬
★可換用＝小美人
（Sedum 'Little Beauty'）

Pot.

玻璃罐：
直徑185×高250mm兩個
樹枝2根／展示用溫度計／
多肉植物專用培養土／防根腐劑

栽種法

① 在容器中放入培養土至三分之一的高度，加入防根腐劑後，在後方插入樹枝。

② 在樹枝的旁邊種入碧雷鼓，支撐樹枝讓它豎立。

③ 在左前方種入義經之舞。

④ 在義經之舞的右方種入銘月。

⑤ 在前方種入最矮的姬御所錦。

complete

---

point. ① 以最少數量的植栽簡單構成

任何組合盆栽都要準備高、中、低的植株，再決定如何配置。使用栽種空間不太大的容器時，以最少的植栽數量簡單配置，不但合植作業較輕鬆，而且完成後，種入的所有植物都能確實展現存在感。

---

point. ② 以樹枝呈現整體感&躍動感

只有多肉植物不易表現氣氛時，加上樹枝能營造氛圍，作品也會顯得更有趣。這兩個組合盆栽，右側的玻璃罐中使用短樹枝，左側的玻璃罐中使用彎曲的長樹枝。兩個組合盆栽除了呈現整體感之外，還添加了躍動感。

在盛夏窗邊欣賞
小型多肉植物庭園
別具一格的個性姿態

在高溫、高濕的盛夏，不論是對人、
或對多肉植物來說都是難熬的季節。
本月我收集了適合放在窗邊，
能在室內欣賞，讓人感到清涼的組合盆栽。

Aug. a. 善用尖銳葉形，形成清涼感

以綠色多肉植物
讓夏季窗邊變涼爽

在持續酷熱的8月，享受園藝之樂的時間往往變少了。儘管是多肉植物，夏季直射的日光太強，植株也可能會被曬傷。這段期間建議將盆栽放在陽光不會直射的屋簷下或室內進行管理。本月讓我們來製作適合在屋內欣賞的組合盆栽吧！

這兩盆虎尾蘭屬的組合盆栽，是以具有葉形尖銳特色的光棍樹和虎尾蘭為主角，並搭配細長的萬年青花盆，來強調虎尾蘭屬的姿態。植物和盆缽的高度

黃金比例是盆：植物為1：1.5至2。若依照這個比例，即使是簡單的合植，盆栽外觀也會很漂亮。因虎尾蘭屬的多肉植物耐乾又強韌，這件作品很適合初學者製作。大小兩盆並列，打造出令人印象深刻的屋內一隅。

主角植物：大／光棍樹　小／虎尾蘭
配角植物：大／貝拉虎尾蘭　小／十二之卷

盛夏的西曬或直射陽光會曬傷葉片，盆栽需要放在半日陰的地方，即使十二之卷和綠之鈴錦也一樣。盆栽不太耐寒，越冬時溫度必須保持在5℃以上

製作組合盆栽需注重平衡

姿態互異的鷹爪草屬
欣賞它們不同的特色

　　全年都能放在窗邊欣賞的鷹爪草屬多肉植物，包括有斑紋的、黃綠色的、外形獨特等，我共選了8種並將它們種在甜點模型中。

　　鷹爪草屬的多肉植物雖然性格堅韌、容易培育，全年都能種在室內，不過在春、秋季的生長期，儘量種在不會雨淋、避免陽光直射的屋簷下。夏季時可移至室內窗邊好好欣賞。

放在窗邊明亮處，讓土莖保持較乾的狀態。土莖經常潮濕可能造成根部腐爛、枯萎的情況，這點需注意。

主角植物：大／祝宴錦　小／神苑
配角植物：大／玉露　小／小龜姬

Aug. c. 享受在小水族箱中合植的樂趣

活用閒置的古道具
打造水槽風組合盆栽

　　這裡要介紹使用復古金魚缸的組合盆栽。將多肉植物當成水草，挑戰製作小水族箱風格的盆栽。找找舊倉庫或置物櫃，說不定可以找到舊水槽或玻璃製品。閒置不用的古道具重新利用，一定能變成有趣的組合盆栽。根據新玉綴生長狀況，可以從植株根部切斷來調整大小。

除了虎尾蘭屬之外，其他多肉植物在盛夏時正值休眠期，所以照顧時要減少澆水，讓土乾燥一點。到了9月下旬，再增加澆水量。

主角植物：曝日綴化
配角植物：小米星

Aug.
c.
組合的材料＆作法

Layout.

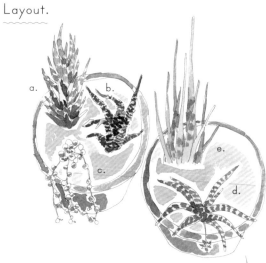

Plants.

a. 虎尾蘭
Sansevieria francisii
天門冬科虎尾蘭屬
★可換用＝羅伯斯特
（Sansevieria cylindrical 'Robstar'）

b. 十二之卷
Haworthia fasciata
獨尾草科鷹爪草屬
★可換用＝十二之塔

e. 光棍樹
Sansevieria bacularis
天門冬科虎尾蘭屬
★可換用＝石筆虎尾蘭
（Sansevieria stuckyi）

d.貝拉虎尾蘭
Sansevieria bella
天門冬科虎尾蘭屬
★可換用＝長蕊鼠尾草（Salvia patens）

c. 綠之鈴錦
Senecio rowleyanus f.variegata
菊科黃菀屬

Pot.

萬年青花盆：
大／直徑185×高180mm
小／直徑160×高155mm

栽種法

① 在盆裡放入缽底網。

② 再放入盆底石至盆的十分之一高度。

③ 放入培養土至盆的一半高度。

④ 在小盆的左後方和土保持垂直種入虎尾蘭。

⑤ 在右前方種入十二之卷。植株朝邊緣側傾斜,讓葉突出盆外。

⑥ 在左前方種入綠之鈴錦,讓莖垂至盆外。

⑦ 在大盆的左後方種入光棍樹。

⑧ 在右前方種入貝拉虎尾蘭。為了讓葉片呈現動感,最美麗的面朝前種入。

complete

point. ① 各具特色的虎尾蘭屬

虎尾蘭屬是龍舌蘭科植物,主要生長於非洲、南亞和馬達加斯加島等地,據說約有70種。它們是很受歡迎的觀葉植物,除了這裡所用的光棍樹和虎尾蘭之外,還能買到其他種類。圖中自左上起向右分別是:石筆虎尾蘭、虎尾蘭、蓮花虎尾蘭(Sansevieria 'Superba')、貝拉虎尾蘭、光棍樹。

Aug.

c.

組合的材料＆作法

Layout.

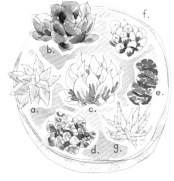

Plants.

a. 蕾蒂
Haworthia cv.
獨尾草科鷹爪草屬

b. 寶草
Haworthia cuspidata
獨尾草科鷹爪草屬

c. 祝宴錦
Haworthia turgida f. variegate
獨尾草科鷹爪草屬
★可換用＝花鏡

d. 玉露
Haworthia obtusa var. pilifera
獨尾草科鷹爪草屬
★可換用＝玉章

e. 玉扇
Haworthia truncata
獨尾草科鷹爪草屬

h. 神苑
Haworthia cv.
獨尾草科鷹爪草屬
★可換用＝白羊宮

f. 玉章
Haworthia obtuse
獨尾草科鷹爪草屬

g. 白蝶
Haworthia fasciata f. variegate
獨尾草科鷹爪草屬

i. 小龜姬
Gasteria liliputana
獨尾草科臥牛屬
★可換用＝子寶（Gasteria Ernestii-Minima）

Pot.

甜點模型
大／直徑190×高60mm
小／直徑95×高60mm
防根腐劑／苔蘚

栽種法

(1) 在容器中放入淺淺的培養土，再放入防根腐劑。

(2) 先種大的三株苗，在左後方種入寶草。

(3) 在中央種入祝宴錦，左前方種入蕾蒂。

(4) 在前側種入較矮的玉露和白蝶。

(5) 在白蝶的右方種入玉扇。

(6) 在玉扇的右後方種入玉章。

(7) 以苔蘚覆蓋露出的培養土。

(8) 製作小容器的組合盆栽，在左方垂直種入小龜姬。

(9) 在右方垂直種入神苑。

---

point. (1) 配置時顧慮顏色的對比&高低差

　　這個盆栽大致是以鷹爪草屬的多肉植物組成，但使用不同的葉形和顏色的品種。斑紋旁種綠葉，旁邊再種萊姆綠等，將不同特色的品種合植在一起。土的表面保持平坦，讓植株本身種入時形成高低層次。小株種在容器邊緣或大株的旁邊，盆栽便能呈現自然的氛圍。

Aug. | c.

組合的材料＆作法

Layout.

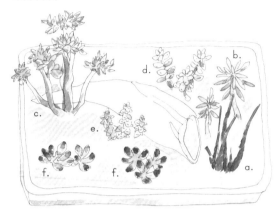

Plants.

a. 光棍樹
Sansevieria bacularis
天門冬科虎尾蘭屬

b. 晃輝殿
Echeveria 'Spruce Oliver'
景天科石蓮屬

c. 曝日綴化
Aeonium urbicum 'Sunburst' f.cristata
景天科艷姿屬
★可換用＝夕映

d. 新玉綴
Sedum burrito
景天科景天屬

e. 小米星
Crassula 'Tom Thumb'
景天科青鎖龍屬
★可換用＝舞乙女

f. 天竺
Sinocrassula densirosulata
景天科中國景天屬

Pot.

金魚缸：
長305×寬185×高200mm
（含腳高度250mm）
樹枝2根／山苔／腐葉土／
防根腐劑

栽種法

① 在金魚缸中放入培養土和防根腐劑。

② 栽種植株之前先配置樹枝。

③ 在金魚缸的中央左側，垂直種入主角曝日綴化。

④ 在右後方種入兩株晃輝殿，讓植株稍微朝左側傾斜。

⑤ 在中央的後方種入新玉綴。新玉綴較不穩定，可以樹枝來支撐。

⑥ 在右前方種入虎尾蘭，以便和新玉綴的外觀形成對比。

⑦ 在曝日綴化的右前方種入小米星。

⑧ 在左前方種入高度最矮的天竺。

⑨ 在能看到培養土的部分，大致以腐葉土和山苔覆蓋住。

complete

point. ① 製作迷你風景享受小型庭園風光

完全透明的玻璃容器，能清楚看到土的部分。將一側的土堆高，一側鋪低形成坡度，更能展現自然的氛圍。在容器中放入樹枝，不但能營造合植的氣氛，也容易決定植株的配置。在土的部分表面，以山苔或細腐葉土覆蓋，盆栽完成後就會顯得非常自然。

9

September

以大尺寸的組合盆栽
為庭園增添色彩與
粗獷的趣味

外觀吸睛的大型組合盆栽，
適合作為玄關或庭園的景觀焦點，
請使用大尺寸的盆缽，
製作出充滿動態美的盆栽吧！

Sep. a. 重視表現粗獷 & 荒野的感覺

具存在感的盆栽
希望成為視覺焦點

這盆大型組合盆栽中沒有使用小植株，而採用有躍動感與氣勢、充滿存在感的大型植株，顯得魅力十足。雖然盆缽變大，但只是改變尺寸，作法和植株的組合法和小盆栽並無二致。請善用植株粗獷的姿態和容器外形，製作獨樹一格的組合盆栽吧！

這是使用充滿存在感的蘆薈屬皇璽錦作為主角的組合盆栽。盆缽採用在骨董市場購買的木桶。放在玄關等處作為主要裝飾，必定能讓造訪的客人留下深刻的印象。這次雖以蘆薈屬的植物作為主角，但也建議使用龍舌蘭屬、伽藍菜屬和虎尾蘭屬等的多肉植物。大型植株的外形大多充滿趣味又有個性，請選擇屬於自己品味的一株吧！

主角植物：皇璽錦
配角植物：普羅斯特拉姆

秋季多肉植物的特徵　夏季酷熱的陽光，到了9月中旬以後逐漸緩和下來，對多肉植物來說，開始進入生長繁殖的季節。到了10月時，店面會開始展售石蓮屬、青鎖龍屬、景天屬和伽藍菜屬等五彩繽紛的植株，到了10月下旬以後便能買到紅葉植株了。

如同環繞主角般，在盆栽周圍種入許多較矮的品
種，使植株根部呈現茂密感。盛夏時讓土保持乾
燥一點，置於半日陰的地方，到了9月下旬左右，
移到日照良好的地方，同時慢慢增加澆水量。冬
季時移到不會受霜寒且溫度維持5℃以上處。

盆栽以大植株為主，中
央的種得高一點，旁邊
的種得低一些，再組合
下垂型品種，使盆栽完
成後如花束一般。

以傾斜植株的技巧打造圓形外觀

栽種在厚重的盆裡
成為大人喜愛的花束風格

　　這個盆栽以葉邊呈荷葉邊狀的石蓮
屬多肉植物作為主角，另外組合有花穗
的、淡粉紅色的品種，外觀如圓形的花
束般，是適合作為庭園焦點的華麗組合
盆栽。因為想長期保有如花束般的圓滿
外觀，所以組合了生長模式相同的品

種，避免使用莖容易變長，或生長後外
形變化極端的品種。

主角植物：早光
配角植物：多明哥

94

Sep. c. 以大小植株呈現讓人印象深刻的立體感

活用台車的外形和大小
大膽種入大型植株

　　這是在台車的木盒部分合植的盆栽。在殘留暑氣的9月，以長有長長花穗的大株石蓮屬品種作為主角，搭配散發秋天氣息的褐色系品種，完成這個呈現躍動感的盆栽。向上生長的花穗和台車的把柄取得平衡，展現出動感。大株的多肉植物之間，還種入中至小尺寸的多肉，來增加強弱對比，以營造立體感。

到了殘留暑氣的9月中旬，和夏季同樣地，盆栽管理上要放在半日陰的地方，土保持乾燥一點。過了中旬之後日照若變得緩和，可移至戶外的向陽處，環境劇烈變化可能會曬傷葉片，這點請務必留意。

主角植物：圓葉黑法師
配角植物：霜之鶴

Sep. a.

組合的材料＆作法

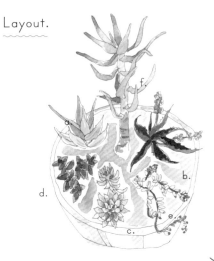

Plants.

a. 伊比坦西斯
Aloe ibitensis
獨尾草科蘆薈屬

b. 普羅斯特拉姆
Lomatophyllum prostratum
獨尾草科穗百合屬
★可換用＝空氣鳳梨
（Tillandsia jucunda）

c. 枯山慶
Dudleya xantii
景天科仙女杯屬

d. 神童
Crassula 'Sindou'
景天科青鎖龍屬

e. 魯冰
Sedum rubens
景天科景天屬

f. 皇璽錦（樹形蘆薈）
Aloe dichotoma
獨尾草科蘆薈屬
★可換用＝重塔蘆薈（Aloe plicatilis）

Pot.

木桶：
直徑320×高320mm

栽種法

① 在木桶底部打洞，依序放入盆底石和培養土，在中央後方種入皇璽錦。

② 在木桶左側垂直種入伊比坦西斯。

③ 在伊比坦西斯的前方種入神童，讓莖垂到容器外。

④ 在3的右方種入枯山慶，讓它朝邊緣傾斜，莖伸至容器外。

⑤ 在4的右方種入魯冰，讓莖垂到容器外。

⑥ 在5的右方種入普羅斯特拉姆，讓植株朝邊緣傾斜。

complete

point. ① 認識性格強韌的蘆薈

在日本以木立蘆薈（Aloe arborescens）和蘆薈（Aloe vera）最為著名，蘆薈從僅有數公分高的德氏蘆薈（Aloe descoingsii）到高達大約10m的皇璽錦，種類多達300至400種。在園藝店販售的種類多采多姿，各具特色。圖中自左起分別是：千代田之錦、珊瑚蘆薈（Aloe striata）、龍山、不夜城、重塔蘆薈。

Sep. | b.

組合的材料＆作法

Layout.

Plants.

b. 早光
Echeveria 'Early Light'
景天科石蓮屬
★可換用＝舞會紅裙（Echeveria Party Dress）

a. 桃之嬌
Echeveria 'Peach Pride'
景天科石蓮屬

c. 紅唐印錦
Kalanchoe thyrsiflora f.variegata
景天科伽藍菜屬

d. 桃之嬌
Echeveria 'Peach Pride'
景天科石蓮屬

e. 紫月
Othonna capencis 'Ruby'
菊科厚敦菊屬

g. 珍珠公主
Echeveria 'Princess Pearl'
景天科石蓮屬

i. 覆輪萬年草
Sedum makinoi f. variegata
景天科景天屬

f. 多明哥
Echeveria 'Domingo'
景天科石蓮屬
★可換用＝大雪蓮（Echeveria 'Laulindsa'）

h. 紫麗殿
× Pachyveria 'Blue Mist'
景天科Pachyveria屬（厚葉景天×擬石蓮屬）

Pot.

黑色壺：直徑265×高210mm

栽種法

① 在壺的左後方種入主角早光，讓植株朝外側傾斜。

② 在1的前方種入分成兩株的紫月，讓莖垂至壺外。

③ 在2的右方種入作為重點色的多明哥，讓植株向外側傾斜。

④ 在3的右方種入覆輪萬年草，向外垂的莖也可以比2短。

⑤ 在中央垂直種入桃之嬌。

⑥ 在4的右方種入珍珠公主和剩餘的紫月。

⑦ 在6的右方種入紫麗殿，將植株向外側傾斜。

⑧ 在7的旁邊種入另一株桃之嬌。

⑨ 在後方種入覆輪萬年草和紅唐印錦。

complete

point. ① 讓不同的顏色和外形緊鄰

合植前，先排列植株以確立配置。為避免同色調相鄰，顏色和外形要留意對比感。這個盆栽中雖然使用不同大小的石蓮屬多肉植物，但從上面或側面來看，都呈現漂亮的圓弧形。邊緣側的植株倒向外側時角度要傾斜，可以將中央的土堆高一點，再垂直地種入植株。

Sep.

c.

組合的材料＆作法

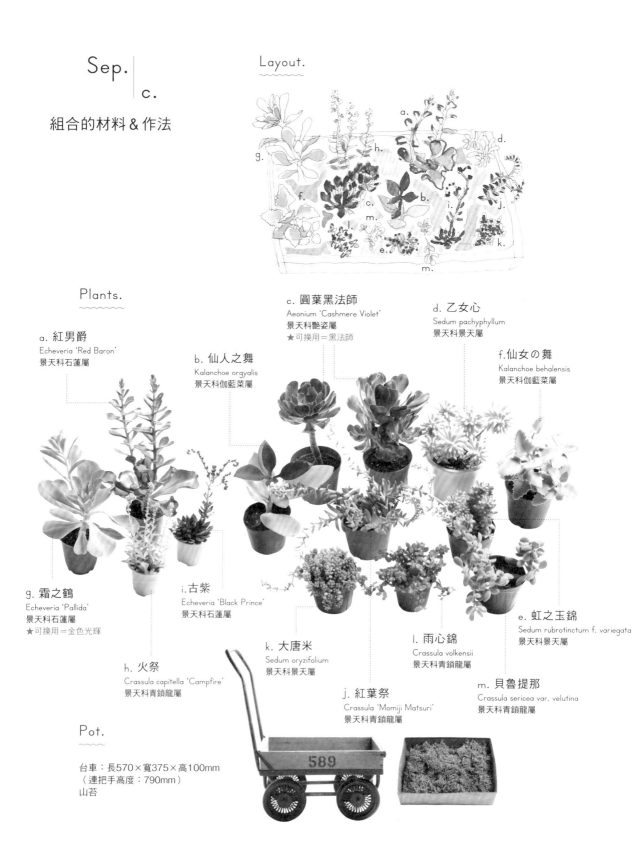

Layout.

Plants.

a. 紅男爵
Echeveria 'Red Baron'
景天科石蓮屬

b. 仙人之舞
Kalanchoe orgyalis
景天科伽藍菜屬

c. 圓葉黑法師
Aeonium 'Cashmere Violet'
景天科艷姿屬
★可換用＝黑法師

d. 乙女心
Sedum pachyphyllum
景天科景天屬

f.仙女の舞
Kalanchoe behalensis
景天科伽藍菜屬

g. 霜之鶴
Echeveria 'Pallida'
景天科石蓮屬
★可換用＝金色光輝

i.古紫
Echeveria 'Black Prince'
景天科石蓮屬

h. 火祭
Crassula capitella 'Campfire'
景天科青鎖龍屬

k. 大唐米
Sedum oryzifolium
景天科景天屬

j. 紅葉祭
Crassula 'Momiji Matsuri'
景天科青鎖龍屬

l. 雨心錦
Crassula volkensii
景天科青鎖龍屬

e. 虹之玉錦
Sedum rubrotinctum f. variegata
景天科景天屬

m. 貝魯提那
Crassula sericea var. velutina
景天科青鎖龍屬

Pot.

台車：長570×寬375×高100mm
（連把手高度：790mm）
山苔

栽種法

1　在台車裡放入缽底網和盆底石，再放入培養土至八分滿。中央的土稍微堆高一點。

2　從大植株開始種植。在左後方和右後方分別種入霜之鶴和紅男爵。

3　在霜之鶴和紅男爵的中間，種入已長花穗的火祭。

4　在左端種入仙女之舞和雨心錦，讓雨心錦的莖垂到台車外。

5　在更顯眼的左前方，一起種入兩株圓葉黑法師。

6　在圓葉黑法師的根部，種入分成兩株的貝魯提那。

7　在中央前方種入虹之玉錦，讓植株朝前方傾斜，莖垂向外面。

8　在7的右後方種入仙人之舞，植株稍微朝前方傾斜。

9　在右前方種入剩餘的貝魯提那和古紫。

10　在右端種入最矮的大唐米，讓莖垂至外面。

11　在10的後方種入紅葉祭和乙女心。

complete

101

10
October

巧妙地組合植株
打造高質感的
藝術風盆栽世界

充滿個性且造型優美的多肉植物，
其存在的本身就是藝術。
將多肉植物和略有變化的容器組合，
創造出與藝術之秋相襯的世界。

Oct. a. 在封閉空間打造森林主題的療癒系盆栽

在復古鳥籠中
關入多肉植物

製作藝術風格組合盆栽時，想呈現什麼樣的世界，事先要有明確的主題，這點相當重要。除了考慮栽種的盆缽之外，若有需要，連放置場所的氛圍都要布置，之後再來選擇植株。這裡選用的容器包括舊鳥籠、復古風格大珠寶盒形木箱，以及讓人聯想到UFO的紫色盆缽。

鳥籠的組合盆栽我想呈現的感覺是多肉的森林，如同截取茂密森林的一部分，將它們關入鳥籠中一般。主要的植株為霜之鶴，再配合鳥籠高度選擇黑法師、綠色黑法師，及花穗向上生長的白晃星。周邊再環繞中至低高度的多肉，以形成高低差和景深感。在棲木上裝飾上木雕小鳥，就完成了這件散發柔和氣氛，讓人心靈感到平靜的作品。

主角植物：霜之鶴
配角植物：黑法師

這件作品讓人隔著柵欄欣賞多肉植物。為了避免植株和縱向的柵欄同化，最好選擇具圓弧感或葉形較大的品種。

Oct. b. 訣竅是呈現如寶石或首飾般的新穎外觀

猶如從寶盒中溢出一般
光輝閃耀的多肉植物

　　這個盆栽的主題是海盜們發現的藏寶箱。寶石般的多肉植物,如同從寶箱中溢出一般。挑選多肉植物的品種,是這個組合盆栽的最大重點。葉形小又下垂的綠之鈴錦和迷你蓮可當作首飾,銀色系多肉及色彩繽紛的多肉,外觀猶如寶石一般。再加上裝飾性小物,更大大提升藏寶箱的氛圍。

主角植物:虹之玉錦
配角植物:紫月

具動態感的朧月恣意地溢出寶盒外。白銀之舞和虹之玉錦隨著生長也呈現出動感。

展現惟有當季才有的魅力

享受時尚&自然
組合的樂趣

具時尚感的紫色盆缽上，纏繞著地錦的藤蔓，就能搖身一變呈現自然的氛圍。早晚的氣溫低，盆栽中大膽地種入已變紅的晚霞和火山女神。將綠之鈴的長莖纏繞在地錦上，以表現藝術性的動感。紅、綠、銀等色調的組合，呈現強烈的對比感，使盆栽散發濃濃的秋意。

主角植物：晚霞
配角植物：火山女神

進入生長期的石蓮花屬多肉植物，若土的表面已變乾，就必須施予大量的水分。並將盆栽放在戶外日照且通風良好處。

Oct.
　　a.
組合的材料＆作法

Layout.

b.

c.
a.
g.　　d.
h.

f.　　e.

Plants.

a. 霜之鶴
Echeveria 'Pallida'
景天科石蓮屬
★可換用＝金色光輝

b. 綠色黑法師
Aeonium arboreum
景天科艷姿屬

c. 黑法師
Aeonium arboreum 'Zwartkop'
景天科艷姿屬
★可換用＝圓葉黑法師

d. 白晃星
Echeveria pulvinata 'Frosty'
景天科石蓮屬

e. 紅提燈
Kalanchoe manginii
景天科伽藍菜屬

f. 熊童子
Cotyledon tomentosa ssp. Ladismithensis
景天科銀波錦屬

g. 月美人
Pachyphytum oviferum 'Tsukibijin'
景天科星美人屬

h. 東美人
× Pachyveria pachytoides
景天科 Pachyveria 屬
（厚葉景天×擬石蓮屬）

Pot.

復古鳥籠：
直徑 310 ×高 510mm
（連上面掛鉤的高度：780mm）
苔蘚／防根腐劑／塑膠布

栽種法

① 在鳥籠底盤中鋪入塑膠布，放入培養土。

② 以剪刀剪掉突出於容器的塑膠布。

③ 在容器的後方種入綠色黑法師，在其左前方種入黑法師。

④ 在綠色黑法師和黑法師之間種入霜之鶴。

⑤ 在4的前方種入白晃星。

⑥ 在左前方種入月美人和熊童子。讓月美人向稍微向前倒，以降低高度。

⑦ 在熊童子的右方種入紅提燈。

⑧ 在紅提燈的右方種入東美人，形成顏色的對比。

⑨ 在會看見土的部分覆蓋上苔蘚即完成。

complete

point. ① 澆水時以噴霧器噴灑根部

　　長期斷水的冬型種艷姿屬，在夏季期間需要多澆點水。和其他的多肉植物一樣，它們也適合放在日照良好的戶外，慢慢地增加澆水量。這個組合盆栽的土上覆蓋著苔蘚，澆水時可以噴霧器從苔蘚上噴水。以手指觸摸培養土，確認土的乾燥情況後再進行澆水。

Oct. | b.

組合的材料＆作法

Layout.

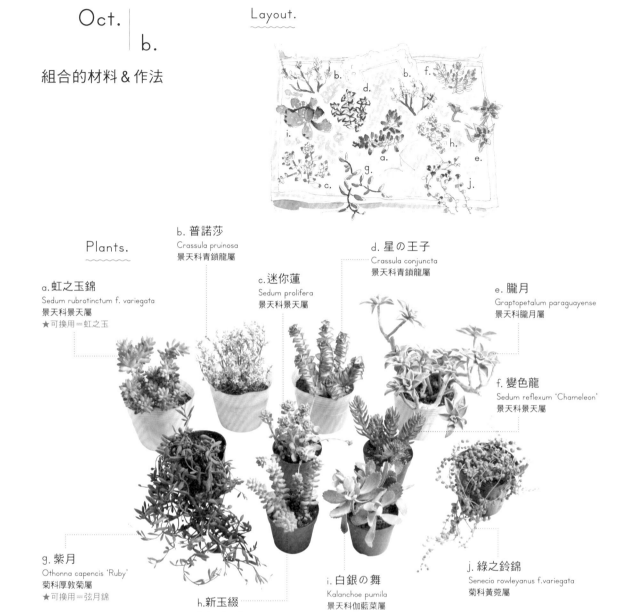

Plants.

a.虹之玉錦
Sedum rubrotinctum f. variegata
景天科景天屬
★可換用＝虹之玉

b. 普諾莎
Crassula pruinosa
景天科青鎖龍屬

c.迷你蓮
Sedum prolifera
景天科景天屬

d. 星の王子
Crassula conjuncta
景天科青鎖龍屬

e. 朧月
Graptopetalum paraguayense
景天科朧月屬

f. 變色龍
Sedum reflexum 'Chameleon'
景天科景天屬

g. 紫月
Othonna capencis 'Ruby'
菊科厚敦菊屬
★可換用＝弦月錦

h.新玉綴
Sedum burrito
景天科景天屬

i.白銀の舞
Kalanchoe pumila
景天科伽藍菜屬

j. 綠之鈴錦
Senecio rowleyanus f.variegata
菊科黃菀屬

Pot.

寶盒形木箱：
長 420 ×寬 290 ×高 145mm
塑膠布／展示用小飾品
（燭台２個・飾品盒３個・相框）
多肉植物專用培養土／防根腐劑

栽種法

1. 在木箱中鋪入塑膠布。

2. 在稍微右後方放入燭台。後方放入有高度的小飾品。

3. 放入防根腐劑，再放入多肉植物專用培養土至八分滿程度。

4. 以剪刀剪掉突出於木箱邊緣的塑膠布。

5. 在左後方將相框插入培養土中放置。

6. 將燭台傾倒放在中央，種入虹之玉錦，讓它朝前方傾斜。

7. 在相框的前方種入星之王子，讓植株稍微朝右後方傾斜。

8. 將普諾莎分成兩株，一株種在左側，讓植株朝邊緣側傾斜。

9. 在8的前方種入白銀之舞，和8同樣地讓植株朝邊緣側傾斜。

10. 在左前方種入迷你蓮，讓植株朝邊緣側傾斜，莖垂到箱外。

11. 在10的右方種入紫月，讓莖垂到前方。

12. 將剩餘的普諾莎種在虹之玉錦的右後方。

109

(13) 在右前方種入綠之鈴錦，讓莖垂向前方。

(14) 在13的左後方種入新玉綴。

(15) 在新玉綴的右後方種入朧月，讓莖伸出箱外擴展開來。

(16) 在右後方種入變色龍，讓植株朝邊緣側稍微傾斜。

(17) 在縫隙處裝飾上展示用小飾品。

(18) 將紫月一部分的莖，纏在虹之玉錦和小飾品上作出造型。

complete

point. (1) 以多肉植物 & 雜貨使盆栽吸睛耀眼

　　這個盆栽是集合銀色系的多肉植物，呈現如閃耀寶石般的氛圍。後方配置復古風格的相框和燭台，不但能增進氣氛，還能撐住盒蓋以免掉落。

　　虹之玉錦種在中央附近，中央的苗植種高一點，而邊緣側的植株向外側傾斜，高度降低一些。

Oct. | c.

組合的材料＆作法

Layout.

d.
b.
e.
c.
a.
c.
d.

Plants.

b. 火山女神
Echeveria 'Mauna Loa'
景天科石蓮屬
★可換用＝赫麗

c. 綠之鈴
Senecio rowleyanus
菊科黃菀屬

a. 晚霞
Echeveria 'Afterglow'
景天科石蓮屬
★可換用＝凱特（Echeveria cante）

d. 雨心錦
Crassula volkensii
景天科青鎖龍屬

e. 銀波錦
Cotyledon undulate
景天科銀波錦屬

Pot.

陶盆：直徑180×高120mm
藤蔓（地錦）：700mm×約30根

栽種法

1. 在左側種入分成兩株的綠之鈴，讓莖垂到盆外。

2. 在1的內側種入銀波錦。植株要種得矮一些，所以將它垂直地種入土中。

3. 將晚霞種在盆的左前方，植株朝前方傾斜。

4. 再種入分成兩株的雨心錦，將莖引拉至盆的前方和中央。

5. 在盆的右前方種入剩餘的綠之鈴，讓莖垂到盆外。

6. 在右後方種入火山女神。

7. 在中央後方種入剩餘的雨心錦。

8. 將地錦的藤蔓圈成比盆略大的圓圈。

9. 將8分成三層套在盆外。

---

point. 1 善用長莖展現造型

在盆缽上組合藤蔓時，可將垂掛的綠之鈴的莖聚攏在組合盆栽上。若盆上組合藤蔓，可以取數根垂下的莖，鬆鬆的繞成圈狀掛在藤蔓上作造型。最後將石蓮屬的葉片披在盆栽上，便形成具有躍動感的藝術風格組合盆栽。

complete

以多肉植物製作如花束般的組合盆栽

某日，我在街頭的花店偶見一束可愛的花束，
成了今天所製作的多肉植物組合盆栽的契機。

花束般的組合盆栽
適合栽種的多肉植物

大約在12年前，那時的我正不斷嘗試以花卉製作組合盆栽，某天無意間在一家花店看見一束小花束。當時我靈光乍現，想到「多肉植物也能製作出花束般的組合盆栽嗎？」隔天起，我便開始努力以多肉植物來製作。擁有花形葉片的美麗石蓮花可當作玫瑰，垂枝姿態具動感的綠之鈴，可比擬茉莉或常春藤。那就是我開始製作多肉植物組合盆栽的契機。

但光是設計優美，若沒有妥善的照顧，它們就無法蓬勃美麗地生長。放在屋內植株徒長，或夏季任它們淋雨，隔天的暑熱與通風不良將導致腐爛等，都是盆栽可能發生的失敗情形。儘管現在的盆栽失敗了，但每次一有新苗到貨，我又會開始思索明天要製作什麼樣的作品，而感到興奮不已。

※上圖的組合盆栽刊載於已出版的《365天的組合盆栽風格（春、夏季）》中，左圖的組合盆栽，在《12個月的組合盆栽計劃》中有介紹作法。

心中滿懷興奮期待
盡情享受充滿現實感的
實景模擬

試著以組合盆栽來表現
想描繪和呈現的風景。
運用多肉植物和小物品,
模擬想呈現的風景,那正是有趣之處。

Nov. | a. 平衡配置植株&小物以表現風景

小植株比擬成蔬菜的
恬靜多肉植物農場

在實景模擬風格的組合盆栽中,每一株植株都成為風景的一部分。為了能充分欣賞到每棵植株的姿態和葉形,不可密集栽種,需一邊善用盆栽的空間,一邊配置。每次種入一株多肉植物後,就要考慮如何維持整體平衡地栽種下一株。

我在老木箱中布置鄉村風小屋,將多肉植物比擬成蔬菜,營造恬靜的田園風景。這個盆栽的主角是花月,一邊考慮與小屋的平衡,一邊選擇適合大小的植株。

接著,挑選能當作蔬菜的小植株。野玫瑰之精、白牡丹當作是包心菜,變色龍、普諾莎當作是玉米……思考如何配置,再選擇植株進行合植作業,也是件令人快樂的事。

主角植物:桃之嬌‧大和錦
配角植物:蔓萬年草

將比擬成蔬菜的桃之嬌和大和錦
等，種在擬成田畝的土堆上，能
營造出真實感。在栽種普諾莎和
愛包龍的部分，豎立樹枝作為支
柱，便能呈現田園的氛圍。

Nov. b. 分區栽種再融合成為一體

具立體感・如繪畫般的
神奇多肉植物森林

　　我將復古畫框當成畫布，完成這件
以多肉植物表現森林的作品。橫臥的樹
枝和鋪在表土的苔蘚，營造出長著厚苔
的茂密森林。選用紅、藍、黃、粉綠等
能營造奇妙森林感的色調，以及葉形充
滿個性的多肉植株製作，使作品呈現出
如愛麗絲夢遊仙境般的幻想世界。

主角植物：群雀
配角植物：仙女之舞

這個盆栽是在木盒上
安裝上畫框後再進行
栽種。為了讓外觀看
起來像是一張圖畫一
般，要避免使用太高
的植株。

配置時注意遠近感以表現遼闊感

以細粒赤玉土表現
乾燥的熱帶草原風景

　　大樹、乾土，以及生長在嚴苛環境
中的各種植物……這件作品我以多肉植
物來表現長頸鹿、大象生存的熱帶草原
風光。挑選栽種的植株時，需配合塑膠
動物玩偶的大小。為了呈現真實感，前
方配置大植株是表現遠近感的訣竅。將
栽種在後方的大樹周圍的土堆高，越朝
外側讓它越低，就能使表土呈現平坦的
斜面。

主角植物：蒼角殿
配角植物：十二之卷

盆栽要放在日照良好的
室內，鷹爪草屬自12月
起要嚴格減少澆水。蒼
角殿這時因為進入休眠
期，藤蔓也會枯萎，直
到春天來臨前都保持斷
水狀態。其他的植株每
兩至三週以噴霧器噴一
次水，適度地施予水分
即可。

Nov.
a.
組合的材料＆作法

Layout.

b.　e.　g.　a.　d.　k.　h.　f.　i.　m.　c.　l.　j.

Plants.

a. 花月
Crassula ovata
景天科青鎖龍屬

b. 蔓萬年草
Sedum sarmentosum
景天科景天屬
★可換用＝珍珠萬年草

c. 桃之嬌
Echeveria 'Peach Pride'
景天科石蓮屬
★可換用＝霜之鶴

d. 普諾莎
Crassula pruinosa
景天科青鎖龍屬

e. 姬綠
Crassula lycopodioides var.
景天科青鎖龍屬

f. 白牡丹
×Graptoveria 'Titubans'
景天科朧月屬

g. 細葉黃金萬年草
Sedum hispanicum var. minus 'Aureum'
景天科景天屬

h. 布朗哥角
Sedum spathulifolium 'Cape Blanco'
景天科景天屬

i. 野玫瑰之精
Echeveria mexensis zalagosa
景天科石蓮屬

j. 變色龍
Sedum reflexum 'Chameleon'
景天科景天屬

k. 大型姬星美人
Sedum dasyphyllum var. granduliferum 'Purple Haze'
景天科景天屬

l. 大和錦
Echeveria purpusorum
景天科石蓮屬
★可換用＝大和美尼

m. 斯特法尼哥魯特
Sedum selskianum
景天科景天屬

Pot.

木箱：
長500×寬310×高280mm
迷你小屋模型：
寬120×長130×高130mm
樹枝（130mm×7根）／迷你雜貨
（椅子・水桶・推車・花盆等）／石
頭／腐葉土

栽種法

(1) 先決定小屋和花月的位置，小屋配置在左後方。

(2) 在右後方種入花月，小屋和花月作為盆栽風景的主架構。

(3) 將兩株蔓萬年草和姬綠的根部分開至一半的高度，植株就能拉開延展成細長片。

(4) 將細長片的姬綠種在後側邊緣當作圍籬。在右後方種入細葉黃金萬年草。

(5) 在花月的根部種入布朗哥角。

(6) 在小屋的右側種入大型姬星美人和蔓萬年草。

(7) 將在3中弄成細長片的蔓萬年草，種在左側的邊緣作為圍籬。

(8) 將斯特法尼哥魯特分小株，種在右前方。在前面的空間製作田畝。

(9) 在田畝中間隔種入桃之嬌當成作物。

(10) 同樣地，再種入大和錦、普諾莎、野玫瑰之精和白牡丹。

(11) 在小屋前方排列石塊製作步道。

(12) 在普諾莎和變色龍的田畝兩側，插入樹枝讓樹枝在中間交叉。

13 在12插入三組樹枝後，在交叉處橫向放上樹枝，以鐵絲固定。

14 在露出的土上輕輕地撒上腐葉土。

15 放上迷你雜貨小物，作品即完成。

complete

point. 1 以景天屬模擬圍籬風格的技巧

外觀類似圍籬的景天屬多肉植物，不必分株，只要雙手拿著根部，將根分開至一半的高度，再由此將植株拉開，就能直線延展成為長條片。

椅子、推車、水桶等迷你雜貨小物，是為了能在風景中呈現現實感的重要項目。

Nov. | b.

組合的材料＆作法

Layout.

Plants.

b. 變色龍
Sedum reflexum 'Chameleon'
景天科景天屬

d. 仙女之舞
Kalanchoe behalensis
景天科伽藍菜屬
★可換用＝獠牙仙女之舞

c. 銀箭
Crassula mesembryanthemoides
景天科青鎖龍屬

e. 白閃冠
Echeveria 'Bombycina'
景天科石蓮屬

f. 貝魯提那
Crassula sericea var. velutina
景天科青鎖龍屬

a. 霜の朝
×Pachyveria 'Exotica'
景天科Pachyveria屬
（厚葉景天×擬石蓮屬）

g. 藍弧
Echeveria 'Blue Curls'
景天科石蓮屬

h. 艾麗莎
Cotyledon elisae
景天科銀波錦屬

i. 阿爾佛雷德格拉夫
Echeveria 'Alfred Graf'
景天科石蓮屬

j.大和美尼
Echeveria 'Yamatomini'
景天科石蓮屬

m. 圓貝景天
Kalanchoe scapigera
景天科伽藍菜屬

p. 桃之嬌
Echeveria 'Peach Pride'
景天科石蓮屬

k. 小人祭
Aeonium sedifolius
景天科艷姿屬

n. 群雀
Pachyphytum hookeri
景天科星美人屬
★可換用＝東美人

o.庭卡貝魯
Cotyledon 'Tinker Bell'
景天科銀波錦屬

l. 小水刀
Crassula atropurpurea var. watermeyeri
景天科青鎖龍屬

Pot.

復古相框：
長680×寬530×高135mm
栽種用木盒：
長500×寬350×高100mm
樹根3根／腐葉土／苔蘚2種

121

栽種法

1 在栽種用的木盒上放上相框，再放入缽底網。

2 木盒中放入培養土約至八分滿。

3 在中央附近配置樹根，下部埋入土中加以固定。

4 在中央的後方栽種。在樹枝和土之間種入藍弧，讓植株向前傾斜。

5 在4的左後方種入白閃冠。

6 種植左側的部分。在左後方種入較高的變色龍。

7 將貝魯提那以2：1的比例分成兩株，大株的種在6的前方。

8 在左前方種入阿爾佛雷德格拉夫。

9 在阿爾佛雷德格拉夫的右方種入庭卡貝魯。

10 在9的右前方種入大和美尼。

11 在阿爾佛雷德格拉夫和10之間種入圓貝景天，左側部分栽種完成。

12 栽種右後方的部分。在樹枝旁種入比樹枝更高的銀箭。

⑬ 在右後方種入霜之朝。邊緣側配置較小植株。

⑭ 在銀箭右側種入已分株剩餘的貝魯提那。

⑮ 在右後邊角種入桃之嬌。

⑯ 栽種右前方的部分。在這個部分種入最高的仙女之舞。

⑰ 在仙女之舞的右方種入小水刀。讓莖朝外呈現擴散感。

⑱ 將小人祭分成兩株，種在仙女之舞的左前方。

⑲ 在中央樹枝的下方，種入已分株剩餘的小人祭。

⑳ 在小人祭的右前方種入艾麗莎。

㉑ 在艾麗莎的前方種入群雀。

㉒ 植株栽種完成的情形。

㉓ 在土露出的部分蓋上苔蘚。以樹枝為界，右側使用深綠的苔蘚。

㉔ 左側部分鋪上淺綠的苔蘚，將土覆蓋住。

25 在苔蘚上輕輕的撒上腐葉土，以表現森林風的表土。

26 裝飾上第2根樹根。

27 再裝飾上最後的樹根，作品即完成。

complete

point. ① 在所有面積中栽種

　　一開始先決定三根樹根的配置。利用根的弧度形成拱門，以營造具有立體感的巨木根部的氛圍。為擴展栽種面積，將栽種區分成中央後方、右後方、左側、右前方4個區塊，選擇不同高度、大小和顏色的品種，一邊栽種，一邊在所有區塊中加入高低層次。

Nov.
c.
組合的材料＆作法

Plants.

b. 十二之卷
Haworthia fasciata
獨尾草科鷹爪草屬
★可換用＝十二之塔

c. 綠玉扇
Haworthia truncata 'Lime Green'
獨尾草科鷹爪草屬

d. 小水刀
Crassula atropurpurea var.watermeyeri
景天科青鎖龍屬

e.普羅烏梅亞娜
Crassula expansa spp. Fragilis
景天科青鎖龍屬

f. 天錦章
Adromischus cooperi 'Tenkinshou'
景天科天錦章屬

a. 蒼角殿
Bowiea volubilis
天門冬科蒼角殿屬
★可換用＝火星人

g. 磯小松
Villadia batesii
景天科塔蓮屬

h. 姬玉蟲
Haworthia cymbiformis var. umbraticola
獨尾草科鷹爪草屬

i. 小銀箭
Crassula remota
景天科青鎖龍屬

j. 碧翠壽
Haworthia parva
獨尾草科鷹爪草屬

k. 花鏡
Haworthia turgida var. turgida
獨尾草科鷹爪草屬

l. 小米星
Crassula 'Tom Thumb'
景天科青鎖龍屬

n. 伊莉雅
Echeveria 'Iria'
景天科石蓮屬

m.祝宴
Haworthia turgida cv.
獨尾草科鷹爪草屬

Pot.

鐵盒：
長580×寬420×高105mm
塑膠動物玩偶（親子長頸鹿・親子象・
獅子・斑馬）／樹枝／迷你台車／苔蘚
／細粒赤玉土

栽種法

① 在容器中央的後方放入樹根，再放入培養土約至八分滿。

② 將土堆得中央稍微高一點，容器邊緣稍微低一點。

③ 在樹根的左前方種入蒼角殿，將莖蔓纏繞到樹根上。

④ 在左前方種入十二之卷的大株，植株垂直種入土中。

⑤ 在中央種入十二之卷的小株，如4般，將植株垂直種入土中。

⑥ 在中央的前方種入天錦章。

⑦ 在右前方種入綠玉扇。

⑧ 在右後方種入小水刀，讓植株稍微朝左前方傾斜。

⑨ 在天錦章的右後方種入姬玉蟲，讓植株稍微朝前方傾斜。

⑩ 在姬玉蟲的左前方種入祝宴。

⑪ 在左前方邊角種入花鏡。

⑫ 在天錦章的左方種入碧翠壽。

(13) 在樹木的前方根部種入磯小松。

(14) 在十二之卷的右前方種入伊莉雅。

(15) 將小米星分成兩株，一株種在樹木根部。

(16) 在十二之卷的前方種入剩餘的小米星。

(17) 在姬玉蟲的右後方種入小銀箭。

(18) 在右後和右前方種入普羅烏梅亞娜。

(19) 剩餘的一株普羅烏梅亞娜種入左後方。

(20) 在多肉植物的根部等處隨意放上苔蘚。

(21) 在剩餘露出土的部分鋪上赤玉土，以呈現非洲乾燥的氣氛。

complete

point. (1) 以樹根&蒼角殿的藤蔓營造氛圍

　　樹根乾燥後顛倒放置，能當作大樹使用。為了使風景看起來更遼闊，後方的配置是關鍵。蒼角殿的藤蔓無支撐物無法直立，因此將它們纏到樹根上。以赤玉土營造非洲的氛圍後，再放上迷你動物玩偶即完成。

以戲劇性的組合盆栽 迎接充滿希望之光的 聖誕佳節

每到12月，街頭處處洋溢聖誕氣息。
屋裡也布置具有聖誕氛圍的裝飾吧！
以紅、綠色多肉展現繽紛色彩，
以粉紅、白色多肉散發華麗感。
這是一款讓人想炫耀的組合盆栽。

Dec. | a. 作法簡單變幻萬千的合植風格

**變化為優雅又華麗的
聖誕樹風格**

多肉植物也非常適合用來裝飾聖誕節。選擇聖誕色彩的紅與綠色的多肉植物，合植成華麗的盆栽。若使用外表有白粉的銀色系或淺色調多肉植物，能表現出讓人聯想到白色聖誕的氣派盆栽。今年的聖誕派對，以多肉植物的組合盆栽來代替花卉布置如何呢？

在透明玻璃罐中的單顆多肉植物，宛如日本塔般展示。以黛比、粉紅祇園之舞等紅紫系品種為主，組合覆蓋輕軟絨毛的福兔耳、白銀之舞等銀色系多肉，以及下垂的綠色系多肉，營造出濃濃的聖誕節慶氛圍。如果拿掉聖誕老人的裝飾，聖誕節之後也能當作擺設裝飾欣賞。

主角植物：粉紅祇園之舞・黛比
配角植物：白牡丹・福兔耳

盆栽請放在室內日照良好的地方
管理，每隔兩至三天變換容器放
置的場所，或讓螢架旋轉，以便
讓多肉植物能夠均勻地接受日
照。大約每隔兩至三週以噴霧器
噴一次水即可。

為避免盆栽呈現明顯的高低差，挑選較矮的小植株栽種。不必表現高低差，而以對比的色彩來表現強弱層次。

**以聖誕色彩創作
繽紛的裝飾風組合盆栽**

　　這個盆栽以甜點模型作為容器。放在桌上插上蠟燭，便能散發濃濃的聖誕氛圍。聖誕樹或星星都以相同的組合要領栽種，請一邊保持色彩的平衡，一邊散種上主要的植株，空隙處再種入分株的景天屬。注意別種得太密，最後植栽間會再鋪上苔蘚。如同繪畫一般，這個盆栽能讓人享受揮灑色彩的樂趣。

主角植物：聖誕樹／紅晃星
星星（大）／秋麗　星星（小）／春萌
配角植物：聖誕樹／女雛
星星（大）／筑波根
星星（小）／爪蓮華

突顯神祕葉色的魅力

為成人製作有聖誕夜感覺的
聖誕花環盆栽

　　這個盆栽以如同盛開的玫瑰花般的
銀色系石蓮花為主角，再重點搭配上淺
綠色的石蓮花，是一款以成人聖誕節意
象來設計的多肉花環盆栽。為了避免盆
栽顯得太平淡無奇，交錯種植群生的子
株和大尺寸的石蓮花。最後還可以裝飾
上松果、肉桂、核桃和水果乾等聖誕小
物也非常棒。

以西班牙苔蘚覆蓋表
土，掩蓋植株間露出
的土。以灰色的西班
牙苔蘚統一整體色
彩，使組合盆栽呈現
整合的統一感。

主角植物：老樂・麗娜蓮
配角植物：伊莉雅・銀武源

Dec.

a.

組合的材料 & 作法

Layout.

m.

i.

n.

k.

h.

g.

j.

f.

b.

e.

l.

d.

c.

a.

Plants.

c. 星兔耳
Kalanchoe tomentosa 'Ginger'
景天科伽藍菜屬

a. 黛比
×Graptoveria 'Debbie'
景天科屬風車草×擬石蓮屬
★可換用=初戀

b. 銀波錦
Cotyledon undulate
景天科銀波錦屬

d. 普諾莎
Crassula pruinosa
景天科青鎖龍屬

e. 福兔耳
Kalanchoe eriophylla
景天科伽藍菜屬
★可換用=月兔耳

f. 白銀の舞
Kalanchoe pumila
景天科伽藍菜屬

g. 綠之鈴
Senecio rowleyanus
菊科黃菀屬

n. 黑兔耳
Kalanchoe tomentosa f.nigromarginatas
景天科伽藍菜屬

h. 白牡丹
×Graptoveria 'Titubans'
景天科朧月屬
★可換用=野玫瑰之精

k. 粉紅祇園之舞
Echeveria Shaviana 'Pink Frills'
景天科石蓮屬
★可換用=高砂之翁

m. 松蘿
Tillandsia usneoides
鳳梨科鐵蘭屬

i. 月美人
Pachyphytum oviferum 'Tsukibijin'
景天科星美人屬

j. 老樂
Echeveria peacockii 'Subsessilis'
景天科石蓮花屬

l. 黃花新月
Othonna capensis
菊科厚敦菊屬

Pot.

三層蛋糕架：
直徑330×高690mm
玻璃罐：
直徑65×高80mm共12個
多肉植物專用培養土／防根腐劑

栽種法

① 在玻璃罐中放入防根腐劑,放入培養土至一半高度,種入植株,再加入培養土。

② 以細棍戳刺培養土,讓土和根緊貼。

complete

point. ① 以棍子讓缽中土&根緊貼

　植株從盆中取出後,將根輕輕地弄散,再種入玻璃罐中。放入培養土後,為了讓土充分填實,請以細棍戳刺培養土。如黛比般橫寬長得比罐口還寬的植株,以手指輕輕掀起葉片,放入培養土,再以棍子戳刺。

point. ② 選擇外觀&排水性優良的土

　這件作品因為要從側面觀賞,所以容器中的培養土也要講究一些。不使用花草用培養土,而採用外觀美、排水性佳的多肉植物專用培養土,建議底部還是要放入防根腐劑。或者也可以將小粒浮石、蛭石、赤玉土和稻殼炭,以5:2:2:1的比例調配製成培養土。

point. ③ 挑選讓人聯想到雪中樹的品種

　復古的三層點心架外觀酷似聖誕樹,這是以白色聖誕節的意象所設計的盆栽。其中以黃花新月和綠之鈴的綠色來表現聖誕樹的色調,主角紅紫色的粉紅祇園之舞和黛比作為樹木的裝飾,而銀色的銀波錦和星兔耳則用來表現靄靄白雪。

Dec.
b.

組合的材料＆作法

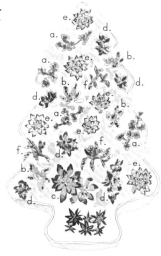

Plants.

（樹）

a. 斯特法尼哥魯特
Sedum selskianum
景天科景天屬

b. 黃金兔耳
Kalanchoe tomentosa 'Gorden Rabbit'
景天科伽藍菜屬

c. 紅晃星
Echeveria harmsii
景天科石蓮屬
★可換用＝錦晃星

f.花簪
Crassula excilis ssp. 'Cooperi'
景天科青鎖龍屬

d. 印地卡
Sinocrassula indica
景天科中國景天屬

e. 女雛
Echeveria 'Mebina'
景天科石蓮屬
★可換用＝靜夜

Pot.

甜點模型（聖誕樹型）：
寬245×長345×高50mm
苔蘚／八角／腐葉土

栽種法（樹）

1 在模型中放入培養土至八分滿，種入最醒目的重點紅晃星。

2 女雛分成單株，散種在整個容器中。

3 黃金兔也分成單株，散種在整個容器中。

4 成為重點的印地卡，一株分成三份，散種在整個容器中。

5 將花簪分株，種在紅晃星和黃金兔的根部。

6 將斯特法尼哥魯特分成五至六份，種在植株間遮住培養土。

7 在能看見土的部分放上苔蘚覆住土。

8 在沒種植株的樹模型的根部，蓋上腐葉土。

9 在8的上面放上八角當裝飾。

complete

point. 1 花些工夫將無底的容器變為盆缽

在有底的樹形容器上打上缽底洞便可使用，但是星型容器沒有底，所以要以鐵絲裝上缽底網。在距離容器底部邊端約5至6mm處，一邊相對一個位置，以電動打孔機鑽孔。穿入鐵絲後，再放入依照星形剪裁的缽底網就完成了。

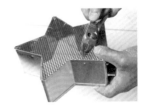

Layout.

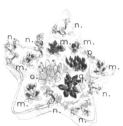

Plants.

（星星・大）

g.筑波根
Crassula schmidtii
景天科青鎖龍屬
★可換用＝紅葉祭

h.珍珠萬年草
sedum album 'Coral Carpet'
景天科景天屬

i.秋麗
×Graptosedum 'Francesco Baldi'
景天科朧月屬
★可換用＝朧月

（星星・小）

m.虹之玉
Sedum rubrotinctum
景天科景天屬

n. 黃金圓葉萬年草
Sedum makinoi 'Aurea'
景天科景天屬

l. 姬朧月
Graptopetalum 'Bronz'
景天科朧月屬

j. 象牙塔
Crassula 'Ivory Pagoda'
景天科青鎖龍屬

k.玉雪
×Sedeveria 'Yellow Humbert'
景天科擬石蓮雜交屬

o. 春萌
Sedum 'Alice Evans'
景天科景天屬
★可換用＝天使之淚

q. 姬朧月
Graptopetalum 'Bronz'
景天科朧月屬

Pot.

甜點模型（星星・大）：直徑200×高70mm
甜點模型（星星・小）：直徑145×高55mm

p. 爪蓮華
Orostachys japonica
景天科瓦松屬
★可換用＝粉紅十字錦
（Crassula pellucida ssp marginalis 'Variegata'

栽種法（星星・大）

complete

① 在中心種入秋麗，旁邊圍
繞種入玉雪、姬朧月和象
牙塔。

② 如同夾住秋麗般種入筑波
根，縫隙種入珍珠萬年草
將土掩蓋。

Dec.

c.

組合的材料＆作法

Plants.

a. 立田
×Pachyveria 'Scheideckeri'
景天科厚葉草屬與石蓮屬的雜交種

b. 老樂
Echeveria peacockii 'Subsessilis'
景天科石蓮屬
★可換用＝紫羅蘭牡丹
（Echeveria 'Sumirebotan'）

c. 麗娜蓮
Echeveria lilacina
景天科石蓮屬
★可換用＝特葉玉蝶

d. 白牡丹
×Graptoveria 'Titubans'
景天科朧月屬

e. 銀武源
Echeveria 'Ginbugen'
景天科石蓮屬
★可換用＝Fun Queen

f. 伊莉雅
Echeveria 'Iria'
景天科石蓮屬
★可換用＝奇魯尼內亞
（Echeveria 'kircheriana'）

g. 星兔耳
Kalanchoe tomentosa 'Ginger'
景天科伽藍菜屬

h. 霜之朝
×Pachyveria 'Exotica'
景天科Pachyveria屬
（厚葉景天×擬石蓮屬）

i. 月花美人
×Pachyveria 'Marvella'
景天科Pachyveria屬
（厚葉景天×擬石蓮屬）

j. 福兔耳
Kalanchoe eriophylla
景天科伽藍菜屬

Pot.

花環狀籐籃：
直徑350×高110mm
（栽種部分寬：120mm）
西班牙苔蘚

栽種法

① 在花環狀籐籃中放入培養土至八分滿,再種入麗娜蓮和白牡丹。

② 在白牡丹的植株縫隙間種入福兔耳。

③ 在白牡丹的前方種入淡綠色的伊莉雅增加變化。

④ 將星兔耳分成兩株,種在伊莉雅前方的外側邊緣。

⑤ 在4的內側如嵌入般種入立田,配置時呈現適度的高低差。

⑥ 在立田的右方種入老樂,在右方靠近外側邊緣種入月下美人。

⑦ 在月花美人的內側種入已分株剩餘的星兔耳。

⑧ 在6的後方種入銀武源,在最初種的麗娜蓮和銀武源之間種入霜之朝。

⑨ 在露出土的植株間,慢慢少量裝飾上西班牙苔蘚。

complete

point. ① 利用大小 & 顏色變化呈現立體感

在伊莉雅、老樂、銀武源等大植株旁,種入白牡丹、月花美人等,利用不同的顏色和大小添強弱對比。花環狀盆栽雖然需要極明顯地表現高低差,但只要活用植株的高度,栽種時就能形成高低層次,營造出自然的凹凸感。

多肉植物
組合盆栽的基本知識

以下將介紹製作美麗多肉植物組合盆栽的
重要基本知識和選苗訣竅。
閱讀了解後，你也能成為組盆達人囉！

Basic ⑴ ## 合植的必備工具
備齊栽種和照顧的基本所需工具

不需要昂貴的工具！
請挑選方便實用的即可

　　請先準備製作多肉植物組合盆栽
時，或管理上所需的工具。若沒備齊
介紹的工具，也能進行栽種及組盆，
但至少要備妥剪刀和澆水壺。讓苗根
和土緊密貼合所用的竹籤和筷子等，
以其他用品替代也無妨。處理刺尖銳
的仙人掌時，使用皮製手套較為方
便。

剪刀
合植時修剪，或移植時剪除
不要的根部時使用。

竹籤
在小缽栽種時，缽和植株的縫
隙間不易填入培養土，這時可
以竹籤戳刺，讓土與根密貼。

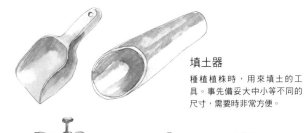

填土器
種植植株時，用來填土的工
具。事先備妥大中小等不同的
尺寸，需要時非常方便。

手套
移植或合植仙人掌或大戟屬
等有刺的多肉植物時，需配
戴手套。

噴霧器
用來補充土表的水分。植株
休眠期或栽種在無孔容器
時，這是重要的澆水工具。

澆水壺
澆水時使用。組合盆栽或小缽
澆水時，使用細壺嘴的澆水壺
比較方便。

Basic ② 組合時使用的各式盆缽
配合想製作的組合盆栽氛圍選用

若掌握澆水的訣竅
任何容器均能使用

　　有缽底孔的園藝缽，澆水時多餘的水分會從孔中排出，這樣土中的氧氣循環較佳，較適合用來栽種多肉植物。雖然盆缽有各種材質，剛開始栽種多肉植物時，建議最好使用水分蒸發良好的素燒盆缽。使用缽底無孔的盆缽或餐具等時，要仔細觀察澆了多少水量，幾天後土才會變乾等，再決定最恰當的澆水頻率。

園藝缽

園藝店或花市等地能夠購得。這類容器有素燒缽、陶器、塑膠、白鐵、藤籃等各種材質，功能性佳，即使初學者也很容易使用。

樹脂盆缽　　　　花環形籐籃

萬年青盆缽　　　　盆栽缽　　　　陶器缽

日用品

這類容器大多缽底沒有孔，需多費點工夫使用排水性佳的培養土，多放點盆底石，還要使用防根腐劑，而且澆水量和頻率也要仔細調整。

蓋飯碗　　　　大碗

中式炒鍋

DIY＋創意容器

在手作木盒上組合相框，或在甜點模型中加上缽底網，或者不具容器外形的物品等，都能透過巧思變身成為獨具一格的容器。

復古風雜貨等

熟悉多肉植物的栽培後，也可以試著以復古風雜貨來栽種。希望表現獨特氛圍或營造厚重質感時，建議可搭配這類雜貨。

復古罐

甜點模型

木桶

黃銅計量盆

珠寶盒

甜點模型

鐵製花器

組合時使用的培養土

為栽種健康的多肉植物，須挑選適合的培養土

重點是增加缽中的
排水性以免太濕

製作多肉植物的組合盆栽時，雖然大多使用花草專用培養土，但我想增加排水性時，會加入赤玉土。市面上也有販售多肉植物和仙人掌的專用培養土，也可以使用看看。專用土又分成以浮石或赤玉土為底材的不同種類，想在小盆缽中栽種或製作小型組合盆栽時，建議使用排水性良好，以浮石為底材的培養土。若是初學者，

最好選用能清楚分辨表土乾濕情況，以赤玉土為底材的培養土。

任何配方的培養土，最基本的要求就是要排水良好。在盆缽的底部可以放入盆底石，或大顆赤玉土來增加排水性。

防根腐劑

使用缽底無孔的容器時，放入盆底石後再加入防根腐劑。除了防止根腐外，還能促進長根。

培養土

通常使用花草專用培養土。想增加排水性時，可以混入赤玉土或增加盆底石。

盆底石

為保持排水良好，盆底可放入盆底石。放入分量約至缽的五分之一高度，大缽中約放入至五分之二的高度。

小粒赤玉土

使用花草專用培養土時，為增進排水性，可混入兩至三成的小粒赤玉土。

多肉植物·
仙人掌專用土

這類專用土可分為小粒浮石為底材、注重排水性的種類，以及以赤玉土為底材、類似花草專用培養土的種類。

赤玉土

大粒的赤玉土可作為盆底石使用。比市售的盆底石重量重，但價錢較便宜。

自己調配培養土

土的配方能控制組合盆栽的生長狀況

依目的靈活運用獨特的培養土

　　根據不同的組合盆栽風格及盆缽大小，有的希望植株長大，有的希望維持原本結實茂密的外形。施予肥料，或修剪疏枝雖然容易掌控，不過最基本的土的配方也會改變植物生長的狀況。

　　希望植株長大，或想讓它快速生長時，可使用赤玉土為底材的多肉植物專用培養土，或花草專用培養土。想增加草花用土的排水功能時，可以在裡面混入兩至三成的小粒赤玉土。配方的土粒越大，排水性更好。我自己製作土的配方時，會根據不同目的，改變使用的素材和比例再加以混合。

ⓐ 培育小盆栽，排水良好的配方

這是注重排水的配方，其中五成使用浮石。浮石不具保肥性，必須適度施肥，這時不用固態肥料，而採用液態肥料。

＊小粒浮石	5
＊蛭石	2
＊小粒赤玉土	2
＊稻殼炭	1

ⓑ 讓植株長大，保水性良好的配方

這是注重保肥性、保水性和通氣性，能促進生長的配方。以浮石增加排水性，以稻殼炭防止根腐。肥料使用固形、液體均可。

＊小粒赤玉土	4
＊腐葉土	2
＊小粒浮石	2
＊蛭石	1
＊稻殼炭	1

進行組合前的注意事項

長保美麗組合盆栽的選苗和種植技巧

ⓐ 組合時的選苗法

　　在苗的狀態下，很難想像生長後的外形、大小和生長速度。事先了解各品種的特性，能避免將極端不同特性的植物組合在一起。此外，多肉植物又有春至秋季生長的夏型種，及秋至冬季生長的冬型種之分，即使生長期不同，也可以合植在一起。生長中的植物妨礙到休眠期的植物時，須進行疏枝作業。

ⓑ 栽種時的注意事項

　　合植多肉植物時，即使弄掉根上所附的許多土，植物也不會枯死，不過如果土弄掉太多，植株很難穩固地種入土中。所以，只撥掉根旁邊的土，但保留縱長方向的土，這樣較容易栽種，種好後也較穩定。植株植入後用力壓土，會壓扁土塊的結構，使排水變差。此外，土若埋到莖或葉，可能會造成植株腐爛，所以栽種時，要避免將植株過度埋入土中。

Basic ⑥ 根據不同目的所推薦的品種

製作組合盆栽時最重要的是挑選植物，以下將介紹不同角色的多肉植物！

ⓐ 適合當作主角的多肉植物

因獨特的葉色、植株大小、姿態和葉形，適合作為組合盆栽主角的多肉植物。

火祭	秋麗	姬朧月	靜夜玉綴	青雲之舞
冬季葉色變成火紅的紅葉，能和黃綠色和綠色搭配來呈現對比的趣味。P.6	適合和葉色時髦的紅褐色、或深紅色品種組合。P.9	冬季會變成時髦的紅褐色。不修枝、活用自然的樹形也非常有趣。P.9	明亮的葉色非常美麗。要在花環形盆栽中使用較矮的植株時，必須先修枝。P.38	不喜夏季的強光。和鷹爪草屬或臥牛屬的多肉植物搭配，能栽種在室內。P.53

特葉玉蝶	五色萬代	多明哥	麗娜蓮	老樂
配置在正面，作品令人印象深刻。適合搭配紫色或桃紅葉色。P.52	為小型龍舌蘭。和蘆薈的葉形相似、性格相合，容易搭配合植。P.72	具淺藍色葉子，和深色葉搭配能呈現良好的對比效果。P.94	善用其優雅的外形，建議作為華麗風格組合盆栽的主角。P.131	作為主角時，適合和桃紅色系的多肉組合。冬季時葉尖會呈桃紅色。P.131

ⓑ 適合襯托主角的多肉植物

襯托主角同時自己也發光發熱，實用性高且具有重要作用的品種。

小水刀	黃麗	月兔耳	星之王子	朧月
它會向側面和向上長出茂密的莖，是重要的配角。秋至春季會變成漂亮的紅葉。P.19	斜向的姿態合植時更具立體感。黃綠色葉片顯得十分華麗。P.18	葉色呈藍色或綠色等，和粉色系多肉植物非常速配。P.74	與主角相鄰種植，讓葉形和姿態對比組合，具有良好的襯托效果，用途廣泛。P.52	它是能耐將近0℃低溫的強健品種。合植時能增加動感，使盆栽更具躍動感。P.52

銀箭	白晃星	貝魯提那	庭卡貝魯	黃金兔耳
和矮植株組合，靈活運用高低差，盆栽會更顯立體感。P.75	銀色的葉色很美麗，運用在夏季組合盆栽中，能帶給人清涼的感覺。P.103	栽種時莖能下垂生長，很適合想要呈現分量感時運用。P.116	向上伸展不占空間，建議於想增加盆栽色彩時使用。P.116	葉子覆有白毛，冬季想呈現溫暖的感覺時，適合作為組合盆栽的配角。P.130

c 適用於後方或中央呈現高度的多肉植物　想呈現高低層次時，有這些植物很方便。
使用時注意植株大小保持平衡。

仙人之舞

和銀色系或深綠色的葉色組合，能達到相互襯托的效果。P.8

艷姿

冬季葉尖呈現淡淡的紅色，建議種在盆栽的中央。P.18

曝日

它是有葉斑的美麗艷姿屬多肉植物。適合和低矮的植株搭配。P.41

獠牙仙女之舞

清爽的姿態非常美麗，運用時最好整株都能呈現出來。P.41

碧雷鼓

莖蔓向上清爽地伸展，栽種在最後方或中央都會使盆栽顯得生動有趣。P.75

若綠

莖向上生長。想活用其高度，或在盆栽中央展現動態感時使用。P.75

義經之舞

給人時髦的印象。莖一邊分枝，一邊向上生長，是盆栽中重要的配角。P.75

光棍樹

筆直細長的葉子相當漂亮。最適合用於室內合植的盆栽中。P.82

皇璽錦

外形堂皇威風，適合在植株根部搭配較矮的植物。P.92

圓葉黑法師

中心的新葉呈深綠色，不論當主角或配角都非常棒。P.95

d 成為特點的大葉多肉植物　特徵是具有大葉片，適合於組合大型盆栽
時運用，作為主角也很實用。

女王紅

全年可欣賞紅色的大葉。適合作為大型組合盆栽的主角。P.18

赫麗

莖會生長得很高，在大型組合盆栽中最適合作為主角或重點運用。P.18

上海娘

個性化的葉形，能作為合植的重點特色，也能用來呈現清爽的感覺。P.50

霜之鶴

活用向上挺立的花莖，適合作為大型組合盆栽中的配角。P.95

紅男爵

它不適合用在小型組合盆栽中。在大型組合盆栽中則能用來展現動態感。P.95

早光

它屬於大型的石蓮花，適合在個性化組合盆栽中當作主角。P.94

珍珠公主

和白色和銀色系植物組合，能達到相互突顯的效果。P.94

火山女神

冬季葉片會變成火紅色，和青灰色和銀色系植物組合非常搭。P.105

晚霞

它是大型的石蓮花屬品種。株數少，美麗的葉色讓人醉心。P.105

仙女之舞

具有覆蓋細毛如毛毯般的葉片，會緩緩的生長變高。P.116

展現可愛感的小葉多肉植物　　可愛的姿態能大幅影響組合盆栽的可愛度，
還具有突顯整體的作用。

魯冰	變色龍	小玉	磯小松	天竺

一邊直立生長，一邊下垂，栽種時植株如從缽緣溢出般顯得很秀麗。P.31

它的葉色泛青，想填滿植株之間或展現動態感時，非常好用。P.74

密實的葉姿匍匐擴展，讓它從盆缽中垂下頗具吸睛效果。P.50

長有茂密的深綠色細葉，多用來填補植株間的縫隙。P.50

生長得很緩慢，最適合用來製作實景模擬盆栽或裝飾性庭園盆栽。P.85

小米星	雨心錦	普諾莎	普羅烏梅亞娜	小人祭

葉尖帶有淡淡的紅色。盆栽想給人清爽的感覺時，很好運用。P.85

橫向生長。種在主角和配角旁讓莖下垂，具有填補縫隙的作用。P.105

莖向上伸展。想保持低矮的外形時，需修剪莖的前端。P.104

和同樣橫向生長的萬年草類多肉植物混合栽種也很漂亮。P.117

紅褐色的外觀個性十足。作為焦點特色或重點使用，能使盆栽更富趣味。P.116

易作為重點色的深色多肉植物　　具有美麗的深色葉子，是配色時的必備品種。
合植時請善用。

印地卡	白石	紐倫堡珍珠	普羅斯特拉姆	古紫

春至夏季期間為綠葉，秋至冬季時變成深紅色的紅葉，適合用於小型組合盆栽中。P.9

秋至春末呈深濃、時髦的紅褐色。希望盆栽色彩呈現強弱層次時使用。P.52

全年為紫色，但冬季時顏色會變深、變美。作為主角也很容易使用。P.40

全年為深褐色，開花後會結果。適合搭配蘆薈等來襯托。P.92

呈泛黑的深褐色，製作時尚感組合盆栽時，建議作為主角使用。P.95

阿爾佛雷德格拉夫	大和美尼	莎薇娜	粉紅祇園之舞	黛比

葉色呈褐色和古紫類似，最適合作為重點色，可種在高植株的根部。P.116

葉緣呈紅褐色非常美。可作為時尚風盆栽的主角或重點特色。P.116

夏季呈淺綠色，秋至春季葉尖會變成紅色。冬季時在溫暖地區可在戶外越冬。P.130

粉紅至紫色的葉片邊緣呈小波浪縐邊。在同色系植物中也能作為主角。P.128

表面如有白色粉末般，冬季時桃紅色會變得特別深，能作為盆栽的重點植株。P.128

145

g 給人柔和印象的淺色多肉植物　以不同深淺表現漸層感，或製作柔美風格的盆栽時適用。

玉雪

分枝後向上生長。容易表現動態感，能搭配任何類型的多肉植物。P.18

春萌

以群生方式生長，配置在深色植物旁，具有相互襯托的作用。P.19

千兔耳

它的葉色可愛極富人氣。冬季時建議用於室內照顧的組合盆栽中。P.19

美空鉾

一旦長成大株後，能發揮存在感。栽種於中央位置使盆栽更富趣味。P.19

迷你蓮

枝幹朝四方伸展，能讓它下垂運用。葉片易脫落需特別小心。P.16

Fun Queen

淺綠色葉片能突顯主角，和深綠色植物搭配超級速配。P.38

天使之淚

向上生長，想降低植株高度時，需適度地剪短前端。P.38

枯山慶

呈淺藍色前端薄尖的葉形，令人印象深刻。適合配置在深色植物旁。P.93

野玫瑰之精

葉片重疊，呈美麗的玫瑰花形。清秀美麗，最適合作為主角。P.114

白牡丹

耐寒，能生存在近0℃的低溫下，可在陽台或簷下越冬。P.114

h 個性化造型充滿魅力，讓人很想使用的多肉植物　只要採用一種就能呈現強烈存在感，也具有突顯主角的作用。

舞乙女

彎曲的長莖向上生長，使用隨意生長的植株，盆栽能充分展現個性。P.19

銀波錦

葉上具有白粉末，葉尖有綯紋。葉片雖有個性，但很容易搭配組合。P.74

千代田之松

葉子有彈性，生長得很緊密。適合用於小型組合盆栽中。P.38

天錦章

葉形和斑點富有個性。這個品種葉子易脫落需留意。P.53

姬御所錦

雖是群生，但姿態令人印象深刻。栽種在高植株的根部更為醒目。P.75

紀之川

重疊的三角形葉片，姿態獨特。種在盆鉢邊緣可作為重點特色。P.75

曝日綴化

綴化的多肉植物，其外形極具特色。可作為顯眼的大樹使用，外觀有趣。P.85

貝拉虎尾蘭

葉子呈放射狀伸展，和直立的植物組合非常時髦、漂亮。P.82

綠玉扇

適合和圓葉或有斑紋的葉片等，外形與色彩不同的鷹爪草屬多肉植物組合。P.117

象牙塔

具有覆蓋白色短毛的銀色葉片，為群生種。適合用於小型組合盆栽中。P.130

活用莖的長度突顯差異的多肉植物

吊掛式盆缽若使用這類垂枝型品種，更具風格。

粉雪	京童子	花椿	愛之蔓錦	綠之鈴錦

銀色小葉片顯得很可愛，想填滿空間時非常方便好用。P.18

莖蔓蜿蜒生長，具有美麗的垂枝，適合用於吊掛式盆栽中。P.16

節間很短，植株高度矮，經常用於花環形或小型組合盆栽中。P.38

桃紅色心形葉片極富人氣。適合和粉色系植物組合。P.53

這是綠之鈴有斑紋的品種。配置在深綠色植物旁更加顯眼。P.82

覆輪萬年草	紫月	綠之鈴	蔓萬年草	黃花新月

葉上具有美麗的斑紋，橫向匍匐生長。和紅、紫的深色葉組合超速配。P.94

讓它的莖從缽緣垂下，或讓莖蜿蜒在苗與苗之間，能呈現躍動感。P.94

花束風格盆栽中不可或缺的品種，和任何多肉植物搭配都很速配。P.105

會從莖蔓的節中長出根。為了讓它生長旺盛，需勤加修剪。P.114

紫月的同類植物。全年呈綠色，想讓盆栽表現漸層色彩時適合使用。P.128

冬季呈美麗紅葉，能增添鮮麗色彩的多肉植物

有的春夏為綠葉品種，冬季便變身為紅色。增加盆栽變化時，可挑選使用。

龍血	三色葉	赤鬼城	虹之玉錦	圓貝景天

漂亮的紅褐色葉子，氣候寒冷會變成鮮豔的深紅色。具有吸引目光的作用。P.18

冬季因寒冷，桃紅的葉色會變深泛紅，適合於想增加盆栽色彩時使用。P.31

冬季時變成鮮麗的紅葉。紅與淺綠、黃色的葉色形成強烈對比，十分美麗。P.6

冬季轉變為全紅的紅葉。群生的植株適合分株使用，能作為盆栽的焦點特色。P.9

在冬季黃綠色葉子也會變得火紅。和黃葉、綠葉組合，適合置於室內照顧。P.116

方便用在組合盆栽中的仙人掌

以具有硬刺讓人印象深刻的仙人掌，盆栽中也能混工具個性的品種！

金晃丸	高砂	白星	白樂翁	松風

容易購得，最適合作為主角。搭配深綠色的多肉植物盆栽更加顯眼。P.65

外表有鉤刺，栽種時為避免卡住，需特別小心。P.65

想呈現高低層次感時，可和高度的柱形仙人掌組合使用。P.64

外表覆蓋白色長毛。作為主角時，很適合和同色系或深綠色植物組合搭配。P.64

為附生植物、無刺，容易處理。從根部疏枝，利於通風。P.64

請掌握多肉植物
組合時的基本技巧

為製作美麗的多肉植物組合盆栽,
請你先認識色彩搭配及植株配置等,
以掌握基礎的技術。

Basic ① **依高低差選擇植株,以保持平衡**

想裝飾在庭園或窗邊作為聚焦點的華麗風格組合盆栽

運用植株本身不同的高度
使組合盆栽呈現躍動感

組合植株時強調高低差,在高植株的影響下,能彰顯縱向的線條。這類盆栽能呈現躍動感與華麗感,適合作空間的聚焦點。合植時,基本上高植株置於後方、低植株種在前方,中等植株配置在高植株與低植株之間。高度較矮、莖向下垂的品種讓它垂於缽前,這樣植物與盆缽不但能呈現一體感,也能表現出動態感。

Type a. 組合高 & 低兩種植株

使用高、低的植株,
呈現簡單風格時,讓
高植株的高度成為盆
缽高度的1.5至2倍,
會顯得較平衡。

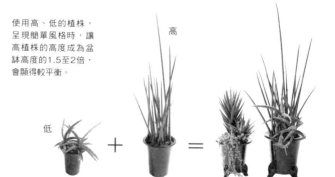

低 ＋ 高 ＝

Type b. 組合高・中・低三種植株

選擇高、中、低的植株,配置
成能欣賞到每種的姿態。這種
配置法比type a.略微複雜,栽
種前最好先確立大致的配置再
開始作業。

高
中
低
589
高
中
低

Basic ② 掌握配色技巧
儘可能善用葉色的特性，展現美麗配色

確立組合風格的完美配色術

  多肉植物的顏色以紅、綠為主，其他還有銀色、泛藍等，實際上非常繽紛多彩。尤其是到了葉子會泛紅的冬季，讓人能充分享受對比配色的趣味。多種色彩的組合，能呈現熱鬧、時髦的氛圍。不過，若色彩過度混雜，可能會給人雜亂無章的感覺，所以多種配色較適合進階班的人。以同色系合植，就算初學者也不會出錯，很容易調和色調。補色是指色相環上相對位置的顏色。組合特性相反的顏色，強烈的對比色彩，會讓人留下鮮明的印象。

Type a. 組合多種色彩

搭配多種色彩時，以深色或發色良好的植物作為重點。讓不同色的植物相鄰栽種，能突顯彼此的色調。

紅色系植物

以外觀變紅的大植株為主角，配置在中央讓它更顯眼。

綠色系植物

綠色和紅色主角為補色關係，能發揮對比效果，突顯主角。

黃色系植物

黃色具有調和紅與綠強烈對比的作用。

銀色系植物

色相環中，沒有顏色和銀色相對，能作為重點色使用。

Type b. 以同形的漸層色調整合統一

組合桃紅到紅色的同系色，製作出具統一感的組合盆栽。將外觀栽種成茂密的圓球狀，從任何角度來看都非常美觀。

正面

右側

左側

背面

Type c. 以補色來調合

綠色　　　紅色

補色關係的色彩組合，包括紅和綠，紫和黃，以及藍和橘色。合植多肉植物時，較容易製作紅和綠的組合。

Basic ⬡3 **以植物顏色&特徵來整合的技巧**
完成度高的組合盆栽選苗法

**統一特性和品種
輕鬆好管理的組合盆栽**

　　統一葉色、高度和苗種後，再來選擇植株，能提高組合盆栽的完成度。讓葉色統一的情況下，需配合主題決定使用植株的顏色，挑選有不同濃淡變化和葉形的品種，以增加強弱層次。相同的色調中，只要使用一、兩株淺色或深色的植株，以該植株當作重點，就能避免盆栽外觀流於單調。同屬或性質相同的植株合植時，較易統一植株，栽種好後管理上也比較輕鬆。製作時，先整合植株的高度，栽種作業不但較簡單，初學者也不會失敗。

Type a. 統一葉色

若以同色統一盆栽時，可以組合不同姿態和葉形的植株，或有微妙變化的植株。以粉綠色系統一整體的花環形盆栽，散發清爽的氛圍，給人春天嫩芽般的印象。

Type b. 統一苗種

統一苗種後，因植株的日照條件、澆水頻率相同，平日的管理也會變得比較容易。

Type c. 統一高度

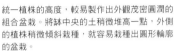

統一植株的高度，較易製作出外觀茂密圓潤的組合盆栽。將缽中央的土稍微堆高一點，外側的植株稍微傾斜栽種，就容易栽種出圓形輪廓的盆栽。

Basic ④ 植栽少時・巧妙維持平衡的技巧

活用空間，營造組合盆栽的整體感

重點是強弱層次和空間的平衡

使用較少植株，活用空間的庭園風格組合盆栽，能強調各種多肉的姿態，讓它們美麗展現。而在盆中打造風景，模擬實景風格的組合盆栽，則是將多肉植物當作一幅景象來處理。兩種風格都是先確立大株或主角的配置，再種入配角或其他的植株。若再加上小物或雜貨，能使完成度大幅提升。

Type a. 巧妙運用配置製造縫隙

圖中是只使用長生草屬多肉植物呈現統一感的組合盆栽。刻意區隔數個空間，較容易運用強弱效果，取得平衡。

Type b. 讓植株呈點狀配置

在大空間呈點狀分散配置植株，能夠營造非洲叢林般的景象。為了呈現廣大的平原，種入的植株不加上高低差。

Basic ⑤ **填滿縫隙以保持平衡**
外觀如圓形花束般，顯得美麗又豪華

如花束般迷人
多肉植物的配置

栽種大量植株填滿苗間縫隙的組合盆栽，是我最拿手的風格。想完成一盆華麗的盆栽時，建議使用填滿縫隙的技巧。栽種多肉植物時，根上所附的土呈縱長狀態較易栽種，也能種入較多的苗種。不過，多肉植物不耐濕，在梅雨期至夏季期間，植株別種得太密。

Type a. 如花束般不留縫隙地種植

基本上，栽種時讓中央的植株較高，外形茂密隆起。缽裡土放少一點，植株生長得比較緩慢，能長期保有緊密的外形。

Type b. 一邊栽種，一邊保留縫隙

綴化種或使用大植株的組合盆栽，需保留縫隙。岩石獅子或黃金鈕冠的凹陷縫隙中，還可以種入圓形的金晃丸。

種入時植株之間不緊貼，保留一些縫隙。利用栽種後的高低差、凹凸或不同的角度，能使盆栽看起來好像種入許多的植株。

Basic ⑥ **以下垂植物表現吊掛式組合盆栽**
散發優雅 & 女性氛圍的風格

添加動態感
成為吸睛的作品

吊掛式的裝飾盆栽能給人強烈的印象，可說是吸睛又搶眼的盆栽風格。使用莖下垂的品種，植物從缽中溢出的姿態，顯得既華麗又有躍動感，使作品更添魅力。它生長後的姿態也另有一番趣味。

選擇紫月、綠之鈴、三色葉等莖蜿蜒伸展的品種。分株後，種在盆栽的兩、三個地方更具裝飾效果。

掌握多肉植物組合盆栽的管理照顧法

植物經長時間生長，盆栽的外形也會改變。
請學習打造讓多肉植物健康成長的環境，
以及植物生長後的管理重點。

Basic ⬡1 不同季節，組合盆栽適宜的放置場所
夏季避免太濕和直射日光，保持日照與通風的良好

春 夏 秋 の 放置場所

**注意悶濕和徒長
讓盆栽美麗健康生長**

　　日照充足、通風良好的地方，是適合多肉植物盆栽放置的場所。若是日照和通風不良，葉色不但會變差，葉與葉之間的距離也會變寬，變得細弱不健康。春季時，盆栽可放在通風良好的戶外，儘量長時間讓盆栽接受日照。雨水少並不妨礙生長，但在梅雨期間建議移到能避雨的屋簷下放置。盛夏時日照強烈，葉子易曬傷，濕度太高又會因悶熱而腐爛，所以要放在通風良好、半日陰的涼爽環境中，讓土保持乾燥一點。秋季和春季一樣，盆栽放在通風良好的戶外，讓它接受充分的日照。

平房

為避免淋雨，將盆栽放在日照良好的屋簷下。勿直接放在地上，因為直接放在柏油路面或水泥地上，地熱會傳至盆缽中。

公寓大樓

放置在有遮蔽的陽台。和平房一樣，盆栽勿直接放在水泥地上，請以花架放置。

室內的窗邊

放置在有充分日照的窗邊。因為也必須通風，所以偶爾開窗換氣，讓空氣保持循環流通。

組合盆栽

栽種許多植株的組合盆栽，要時常轉動盆缽，讓所有植株都能夠均勻地接受日照。

冬 の放置場所

避免多肉凍結
管理溫度・保持乾燥

大部分的多肉植物的耐寒溫度大約是5℃。冬季時建議放在夜間仍能保持5℃以上溫度的屋簷下，若置於室內則放在日照良好處。在寒冷地區，盆栽放在室內的窗邊也可能凍傷，夜間要搬離窗邊。保持0℃以上的情況下，除了特別不耐寒的品種之外，其他的品種可以讓土保持乾燥些，放在屋簷下或陽台皆可。夜間則建議可以加蓋塑膠布防寒。

Basic (2) 日常的管理・澆水&肥料的訣竅
葉子具儲水功能的多肉植物，要減少澆水的頻率

禁止過度澆水&施肥
採彈性管理

基本上，盆栽要等土完全變乾後，再充分的澆水。從春至進入梅雨季之前，以及9月下旬開始，澆水時要澆到水能從缽孔中流出為止。進入梅雨季至殘暑炎熱的9月中旬，要減少澆水讓土保持乾燥一點。到了冬季，因為土較不易變乾，所以12至2月時，土要特別保持乾燥一些，別讓土中的溫度降低。到了3月溫度上升後，再慢慢增加澆水量。

移植時的培養土中，若有加腐葉土或堆肥，養分已足夠，不必再施肥。栽種後經過5至6個月，要重新合植時，再使用新的培養土。

春至秋的澆水

因放置場所、盆缽的材質和根的生長情形不同，土變乾的情況也有差異，不過土若還是濕的，就不要澆水。組合盆栽因植株間的縫隙很少，澆水時請澆在根部。

休眠期的澆水

兩週澆水一次，澆到土表變濕的程度即可。盆底沒有孔的盆栽，使用噴霧器較方便作業。減少水分，葉子會變皺，只要在春天時增加澆水量，葉子就能恢復原狀。

施予肥料

浮石為底材的多肉植物專用培養土，有的沒有加入腐葉土或堆肥。當葉色不鮮，生長情況不佳時，可施予少量固態肥料或液態肥料，合植之後經過五至六個月，若無法移植時，需追加肥料補充養分。

Basic ③ 重新栽種雜亂的組合盆栽

保持剛種好的外形，梅雨前修枝防止悶濕

每月修剪一次
以保持花束般的外形

　　為保持組合盆栽的外形，需修剪突出變長的莖。透過修枝作業，變形的組合盆栽，能恢復剛種好時的美麗外形。花環狀的組合盆栽，植株的高度一旦變高，整體平衡就會被破壞，這時要進行修剪讓植株變矮。此外，附提把的籃子，也別讓植株長到遮住提把。夏型種在生長期的春至秋季，每月修剪一次最為理想。尤其在進入梅雨季之前，從根部修枝減少疊合的莖數，以保持良好的通風。

Step 1.　進行移植重新栽種

變雜亂的組合盆栽
長時間放置不管，莖恣意生長顯得雜亂的組合盆栽。

從紅線處剪斷
以剪刀剪斷變長突出的莖。下垂的莖從根部剪斷，放在全日有遮陰的地方四至五天，等切口變乾。

剪下的植株前端

拔除多餘的植株
完成移植
因為所有植株都在生長，若盆缽擁擠，減少苗數再重新合植。

完成移植
使用剪下的植株前端，以及拔除的植株重新合植新的盆栽。將變乾的多肉植物插入土中，放在明亮且全天有遮陰的地方四至五天，約十至十五天後就會長根。

ⓐ 夏季生長型的植株管理

夏型種適合在4月至6月，及9月中下旬至10月進行分株、芽插或葉插。已長出許多子株的植株，以及根茂密的植株，分株後，以新的土壤進行移植。

ⓑ 冬季生長型的植株管理

在生長期的10至3月進行修枝，芽插也在這時期進行。剪下的莖的前端可用來插枝。綠之鈴等下垂性的品種，需進行疏枝作業，太長的莖則需修剪。

155

Step 2.　移植時的注意事項

為避免傷到植株和芽
要在適當時期進行！

　　組合盆栽每年一次解體後，要以新土進行移植。重新栽種或移植作業時，可能會傷到根部，所以請避免在植株停止生長的休眠期進行。夏型種要避開盛夏和隆冬，冬型種則要避開春至夏季期間。芽插時，為避免切口腐爛，重點是先充分晾乾後再插入土中。

移植時的分株
長大的植株要進行分株。這時以雙手拿著根部，慢慢輕柔地將它們分開。

切下的植株插枝
修枝時剪下的莖，同樣地插入乾燥的土中，放在明亮且全天有遮陰處管理四至五天。

Step 3.　以剪下的植株享受繁殖樂趣

以葉插或芽插法
培育新生的多肉植物

　　以修剪下的莖繁殖的方法，除了芽插之外，還有葉插法。這種方法是利用移植作業時，從莖上取下的葉，放在土上待其長根的繁殖法。葉插時若葉上沒殘留葉柄就不會長根，所以不要以剪刀從莖上剪下葉片，而是要以手摘下。容易插葉繁殖的品種包括：迷你蓮、姬秋麗、虹之玉、姬朧月、秋麗和白牡丹等。

多肉植物繁殖的圖解

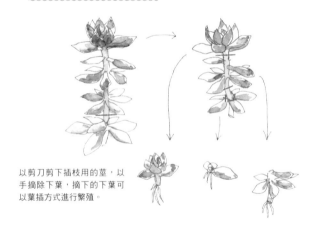

以剪刀剪下插枝用的莖，以手摘除下葉，摘下的下葉可以葉插方式進行繁殖。

將葉子放在土上
將葉子放在土上，置於明亮、全天有遮陰的地方管理。這個時候不要澆水。

長芽
葉子的葉柄處若長出芽來，移到日照充足的地方，以噴霧器輕輕噴水。

長根後，原來的葉子消失
經過二至三個月開始長芽後，便可移植到新的盆缽中。

如何因應多肉植物的病蟲害

關於多肉植物容易發生的病蟲害

細心打造不易發生疾病和蟲害的環境

多肉植物會發生的害蟲或疾病並不多，不過若濕度高、日照不足，發生率就會升高。尤其是在通風不良的地方，很容易長蚜蟲和介殼蟲，在室內栽培時需注意。請不時檢查葉片背面、新芽或莖部等。許多病蟲害都是發生在春至秋季，但也有像根粉介殼蟲那種全年都很容易發生的蟲害。

蚜蟲

和一般的花草一樣，蚜蟲常發生於春季。寄生在多肉質物的花或新芽上，吸取葉的汁液，造成葉子萎縮。以滲透移行性的殺蟲劑等來防治。自2月起在表土予以錠劑也能加以預防。

葉蟎

常發生於5至10月。蟲體很小，不易發現。牠們會附在新芽上從葉背吸取汁液，讓葉子萎縮受傷。以葉蟎專用的殺蟲劑能加以防治。

軟腐病

梅雨高溫時、日照不足或過於悶濕時容易發生。病菌從葉或莖的傷口侵入，會使葉片腐爛。立刻切除腐爛部分，以殺菌劑消毒。等傷口充分乾燥後，再移植到新土中。

介殼蟲

這種蟲會在葉柄或莖上製作白色棉絮狀卵囊。牠們吸取植株汁液，會使葉子萎縮。可以棉花棒或牙刷等剔除，或以滲透移行性的殺蟲劑等來防治。

根粉介殼蟲

牠是身體覆蓋有白粉的蟲。常發生在乾燥的土中。牠們吸取根的汁液，使植株變弱。若在移植時發現，切除受害的根部。再以滲透移行性的殺蟲劑防治。

關於多肉植物組合盆栽のQ&A

為你解答有關多肉植物或組合盆栽的小疑問！

Q.哪個時期適合重新栽種？
A.避開盛夏和隆冬，大約在4至6月和9至11月時最適合進行。

Q.植株變軟、葉子枯萎，是怎麼回事呢？
A.這種情形可能是水澆太多造成根部腐爛，或水澆得不夠。土太濕的情況下根會腐爛，剔除腐爛的部分，再以殺菌劑消毒。讓它充分乾燥後，再移植到新土中，放在明亮且全天有遮陰處，7至10天後再移到日照良好的地方，施予水分。休眠期葉子枯萎並無妨。進入生長期後，增加澆水量就能恢復原狀。

Q.葉片上需要澆水嗎？
A.基本上葉片上不需要澆水。在高溫多濕的夏季，葉片上澆水可能造成悶濕腐爛，冬季葉表若有水，寒冷的氣候會使植株受到寒害。夏、冬兩季澆水時，以噴霧器噴灑表土，植株就能從根部吸收水分。

Q.從莖上長出白根，怎麼辦？
A.根長得太茂密，或植株老化時，植物會企圖吸取空氣中的水分，這時從葉柄或莖上便會長出根來。進行移植修剪掉前端，植株就能恢復青春。

Q.植物可以吹空調的風嗎？
A.最好是開窗，讓室內有自然的空氣流通。盆栽要避免放在會被空調長時間吹到的地方。

Q.葉子被太陽燒傷了，怎麼辦？
A.夏季時盆栽受強烈日照，或突然放在強光下，多肉植物的葉子可能會被曬傷。這時要移到半日陰的地方修養。已燒傷的葉子無法恢復原狀。若有必要，可進行修剪，待新葉重新長出。

Q.下葉枯萎了，怎麼處理？
A.沒有移植，長期處於根塞滿的狀態時，下葉就會發生枯萎現象。趁生長期將盆栽移植、修剪，等待它重新長出新葉。多肉植物和花草不同，不需保留葉片，從很低的位置剪斷也沒問題。

Q.葉插後卻沒有長芽？
A.這種情況可能是該品種不適合葉插，或發根較花時間。不適合葉插的多肉植物有：虹之玉錦、乙女心、熊童子等，這些適合以芽插方式繁殖。

Q.盆栽放置在室內和室外，澆水方式一樣嗎？
A.基本上是一樣的。根據土變乾的情形來澆水，不過，室內比室外通風稍差，土比較不易變乾。請仔細觀察土表，再施予水分。

自然綠生活 04
Green Life style

配色 × 盆器 × 多肉屬性
園藝職人の多肉植物組盆筆記

作　　　者／黑田健太郎
譯　　　者／沙子芳
發　行　人／詹慶和
總　編　輯／蔡麗玲
執　行　編　輯／劉蕙寧
編　　　輯／蔡毓玲・黃璟安・陳姿伶・白宜平・李佳穎
執　行　美　編／李盈儀
美　術　編　輯／陳麗娜・周盈汝
內　頁　排　版／造極
出　版　者／噴泉文化館
發　行　者／悅智文化事業有限公司
郵政劃撥帳號／19452608
戶　　　名／悅智文化事業有限公司
地　　　址／新北市板橋區板新路 206 號 3 樓
電　　　話／(02)8952-4078
傳　　　真／(02)8952-4084
網　　　址／www.elegantbooks.com.tw
電　子　信　箱／elegant.books@msa.hinet.net

2014 年 6 月初版一刷　定價 480 元

A recipe for year-around succulent gardening
12 ヶ月の多肉植物寄せ植えレシピ
©2013 Kentaro Kuroda
©2013 Graphic-sha Publishing Co., Ltd.
This book was first designed and published in Japan in 2013 by
Graphic-sha Publishing Co., Ltd.
This Complex Chinese edition was published in Taiwan in 2014
by elegantbooks.

經銷／高見文化行銷股份有限公司
地址／新北市樹林區佳園路二段 70-1 號
電話／0800-055-365 傳真／(02) 2668-6220

黑田健太郎

出生於日本埼玉縣，為園藝家，目前在
FLORA黑田園藝工作。他透過自由發想
創作出風格洗練的組合盆栽而備受矚目，
深受大眾的歡迎。發表組合盆栽作品及店
內日常點滴的部落格有極高的人氣，店面
常有許多來自全國各地的粉絲造訪。著有
《12個月の組合盆栽計劃》・《365天的
組合盆栽風格（春夏系列／秋冬系列）》
（均由Graphic社發行）・《健太郎的
Garden Book》（FG武蔵發行）

STAFF

裝訂・本文設計：白畠かおり
攝影・取材・文：平澤千秋
設計：麻宮夏海
插圖：上坂じゅりこ
編輯：篠谷晴美

攝影協力

BonBoni（bonboni.net）
DEALERSHIP（www.dealer-ship.com）
BROCANTE（brocante-jp.biz）
icchu（shop.1-chu.com）
senkiya（www.senkiya.com）
Reve Couture（www.revecouture.com）
春亭右乃香

special thanks：Flora黑田園藝全體員工
埼玉県さいたま市中央区円阿弥1-3-9
tel.048-853-4547

國家圖書館出版品預行編目資料

配色 × 盆器 × 多肉屬性・園藝職人の多肉植
物組盆筆記/黑田健太郎著;沙子芳譯. -- 初版.
-- 新北市：噴泉文化，2014.06
　面；　公分 . -- (自然綠生活；04)
ISBN 978-986-90063-5-4 (平裝)
1. 仙人掌目 2. 栽培

435.48　　　　　　　　　　　　　103009311

PE 12 MONTHS